高等院校艺术设计类精品教材

U0179768

建筑速写

卢国新　刘敬超　王　静◎编著

清华大学出版社
北京

内 容 简 介

本书对建筑速写加以分析和演示，由浅入深、循序渐进，并配有绘图步骤，详细地介绍了建筑速写的基础、透视、明暗、配景和风格等特点与表现技法，力求在较短的时间内，通过简便、实用的绘画方法，达到最佳的学习效果。在表现风格上也做了多种探索，以示建筑速写不仅是一种基础训练课题，同时也可以是一件艺术作品。全书共分10章。第1～2章介绍了建筑速写的基本概念及工具，第3～8章介绍建筑速写的透视、线条、构图、色调等，第9～10章分别介绍不同题材的画法及优秀建筑速写作品赏析。

本书既可以作为建筑学、城市规划、景观设计和室内设计专业本科学生的教科书，也可以作为相关设计人员的参考用书。

图书在版编目(CIP)数据

建筑速写/卢国新，刘敬超，王静编著.—北京：清华大学出版社，2021.1(2023.1重印)
ISBN 978-7-302-57269-5

Ⅰ.①建… Ⅱ.①卢… ②刘… ③王… Ⅲ.①建筑画—速写技法—高等学校—教材 Ⅳ.①TU204.111

中国版本图书馆CIP数据核字(2021)第004983号

责任编辑：孙晓红
封面设计：李 坤
责任校对：周剑云
责任印制：宋 林
出版发行：清华大学出版社
　　　　　网　　　址：http://www.tup.com.cn, http://www.wqbook.com
　　　　　地　　　址：北京清华大学学研大厦A座　　　邮　　编：100084
　　　　　社 总 机：010-83470000　　　　　　　　邮　　购：010-62786544
　　　　　投稿与读者服务：010-62776969, c-service@tup.tsinghua.edu.cn
　　　　　质量反馈：010-62772015, zhiliang@tup.tsinghua.edu.cn
　　　　　课件下载：http://www.tup.com.cn, 010-62791865
印 装 者：三河市龙大印装有限公司
经　　销：全国新华书店
开　　本：190mm×260mm　　　印　张：11.5　　　字　数：279千字
版　　次：2021年3月第1版　　　印　次：2023年1月第2次印刷
定　　价：58.00元

产品编号：089067-01

Preface

前 言

　　建筑速写，指的是快速描绘对象的临场习作。它要求在短时间内，使用简单的绘画工具，以简练的线条扼要地画出对象的形体特征、动势和神态。它可以记录形象，为创作收集素材。从这个意义上来说，它可视为写生的一种，同时建筑速写还可以作为一种独特的艺术表现形式或设计构思和表现。可以说，建筑速写不是一种单纯的造型基础练习，最重要的是训练作者的感受和思维。没有对建筑深刻的理解，是画不好建筑速写的。

　　本书在内容的安排上以基础知识为主，以艺术表达为目的，让学习者能够掌握建筑速写的基础知识，同时还能掌握绘画技能和艺术表现力。

　　全书内容共分为10章，具体如下。

　　第1章主要介绍了建筑速写的概念、目的和作用。

　　第2章介绍了进行建筑速写需要的工具和材料。

　　第3章介绍了透视的基本概念，各种透视图的画法及彼此之间的区别，为学习者画好速写奠定了基础。

　　第4章至第5章介绍了建筑速写中线条和各种形体的画法。

　　第6章分别对选景和构图进行了详细介绍。本章着重对选景的观察和把握、构图的原理和目的进行了分析讲解。

　　第7章对速写时色调的运用、明暗的处理等问题进行了阐述。其中还包含了光影的变化、对比要素等相关内容。

　　第8章介绍了在作画时速写的表现方法和侧重点，以及绘制建筑速写的步骤等重要内容。

　　第9章介绍了几种典型题材及主题的基本画法，包括风景、植物、水面、交通工具、容器等五个方面。

　　第10章对一些优秀的速写作品进行了简要的评论和赏析。

　　本书是河北农业大学卢国新老师主持的"2019—2020年度河北省高等教育教学改革研究与实践项目（项目编号：2019GJJG096）"教材。

　　全书由河北农业大学的卢国新、刘敬超老师及河北大学的王静老师共同编写，其中第2、4、5、7、8章由卢国新老师编写，第1、3章由刘敬超老师编写，第6、9、10章由王静老师编写。参与本书编写及校对工作的还有吴涛、阚连合、张航、李伟、封超、刘博、张勇毅、郑尹、王卫军、张静等，在此一并表示感谢。

　　由于编者水平所限，书中难免存在不妥及疏漏之处，敬请广大读者批评指正。

编　者

Contents

目录

第1章
建筑速写概述

- 了解建筑速写的具体含义。
- 掌握建筑速写的目的及意义。

本章导读

　　岩彩是指岩石的色彩。岩彩画是指用五彩的岩石研磨成粉，以胶质调和后绘制的作品。半坡原始古朴的彩陶、长沙马王堆出土的帛画和漆画、金碧辉煌的敦煌洞窟壁画和绚丽的唐人工笔重彩都是古代岩彩艺术的见证者。

　　在灿烂绚丽的中华文化中，可以汲取的艺术元素不胜枚举。从史前时期的仰韶文化、马家窑文化到春秋战国百家争鸣、秦灭六国一统天下、西汉时期文景之治、唐代开元盛世等，而丝绸之路更是这灿烂文明中浓墨重彩的一笔，其对于推动东西方文明发展、推动人类进步意义重大。敦煌莫高窟是享誉世界的文化遗产，它开凿在甘肃省敦煌市鸣沙山东麓断崖上，以精美的壁画和塑像闻名于世，其中壁画是敦煌艺术的重要组成部分，这些壁画内容丰富多彩，是我国也是世界最大的壁画石窟群。

　　莫高窟壁画绘于洞窟的四壁、窟顶和佛龛内，内容博大精深，主要有佛像、佛教故事、佛教史迹、经变、神怪、供养人、装饰图案等七类题材，此外还有很多表现当时狩猎、耕作、纺织、交通、战争、建设、舞蹈、婚丧嫁娶等社会生活各个方面的画作。如图1-1所示。这些画有的雄浑宽广，有的鲜艳瑰丽，体现了不同时期的艺术风格和特色。中国五代以前的画作大都散失，莫高窟壁画为中国美术史的研究提供了重要实物，也为研究中国古代风俗提供了极有价值的形象和图样。据计算，这些壁画若按2m高排列，可排成长达25km的画廊。

图1-1　敦煌莫高窟壁画

　　莫高窟的壁画上，处处可见漫天飞舞的美丽飞天——敦煌市的城雕就是一个反弹琵琶的飞天仙女的形象。飞天是侍奉佛陀和帝释天的神，能歌善舞。墙壁之上，飞天在无边无际的茫茫宇宙中飘舞，有的手捧莲蓬，直冲云霄；有的从空中俯冲下来，势若流星；有的穿过重楼高阁，宛如游龙；有的则随风漫卷，悠然自得。画家用特有的蜿蜒曲折的长线、舒展和谐的意趣，呈献给人们一个优美而空灵的想象世界，如图1-2所示。

图1-2　敦煌莫高窟双飞天图（摘自：潘絜兹工笔画作）

案例分析

　　特定时代的审美心理，在某种意义上最终决定了岩彩艺术形式及其形式美的成形与风格的选择。在人类步入近现代社会以前，对于"天"的一种敬畏和向往心理一直持续影响着人类的心理。在整个古典岩彩艺术时期，岩彩艺术的表现大都是以宗教题材为主的。

　　随着生产力的进步、社会的发展和时代的变迁，并伴随后来横跨欧亚大陆的古代丝绸之路的建立，东方古典岩彩画开始在各地渐渐成熟并得以确立，之后随着佛教文化的传播逐渐造就并形成了古典岩彩的巅峰——敦煌莫高窟壁画。

　　敦煌壁画是中华民族的艺术瑰宝，其造型、色彩都达到了艺术的顶峰。艳丽的色彩，飞动的线条，在这些画师对理想天国热烈和动情的描绘里，我们似乎感受到了他们在大漠荒原上纵骑狂奔的不竭激情，或许正是这种激情，才孕育出壁画中那种张扬的想象力吧！

　　今天，我们经常见到许多艺术家到处体验生活，其目的无非是从生活中去寻找设计与创作的灵感，而记录这种感受的最佳方式就是速写，所以速写从它产生的那天起，从来就没间断过。

1.1 速写的基本概念

　　速写概念在西方绘画中属于素描范畴，被看作是素描中的一种略图和草图等，一般以单色塑造、表达所刻画的形象。而在中国美术学院的教学中，速写一般被作为造型艺术基础能力训练的手段来看待。

速写，英文为"sketch"，意为草图、概要、草拟等，顾名思义，是一种快速写生方法。速写是画家在较短时间内以简练、概括和鲜明的手法对艺术形象进行瞬间捕捉，并以此方式表达自己对物象的强烈感受，速写是素描的凝练与概括。

狭义地看，速写是造型艺术基础能力培养的一种训练手段，因而它便具有了与其他艺术门类相互渗透的可能性；广义地看，速写又是一门独立的造型艺术门类，具有独特的审美价值。速写既可以被理解为单纯的速写作品，又可以被看作是一种绘画行为状态、一种绘画能力的实施过程，如图1-3所示。

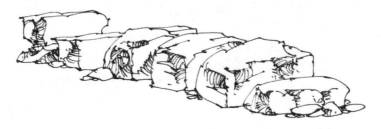

图1-3　石头的不同形态（作者：卢国新）

知识拓展

对建筑的速写，就是在面对一个建筑时，用自己的方法将其记录下来。建筑并不是孤立存在的，它的周边还有景物或人。一幅完整的建筑速写不会只是孤零零的建筑，势必会有与之相协调的环境、景物，这便是建筑速写的内容。也就是说，只画好建筑，不去画环境或者场所，这幅速写便是不完整的。

速写因其描绘对象不同而产生了人物、建筑、风景、动物速写等；因其采用的工具不同，又有钢笔、铅笔、炭笔、马克笔、毛笔等速写；另外还有水墨、水粉、水彩、油画棒等多种速写形式，如图1-4～图1-7所示。

图1-4　民居建筑速写（水彩）（作者：刘敬超）

图1-5　民居建筑写生（马克笔）（作者：卢国新）

图1-6　《绿色的喧闹》（油画棒）

图1-7　建筑速写（钢笔）（作者：卢国新）

案例1-1

埃菲尔铁塔

埃菲尔铁塔屹立在巴黎市中心的塞纳河畔，于1889年建成，高320多米，相当于100层楼高。4个塔墩由水泥浇灌，塔身全部是钢铁镂空结构。埃菲尔铁塔是世界上第一座钢铁结构的高塔，就建筑高度来说，在当时是独一无二的。

1884年，为了迎接世界博览会在巴黎举行和纪念法国大革命100周年，法国政府决定修建一座永久性纪念建筑。经过反复评选，古斯塔夫•埃菲尔设计的铁塔被选中，建成后铁塔就以埃菲尔的名字命名。

建成后的高塔是钢铁结构，重达9000吨，塔高300多米，共用了1.8万余个金属部件，以100余万个铆钉铆成一体，全靠用水泥浇灌的4条粗大塔墩支撑。从一侧望去，像倒写的字母"Y"，倒"Y"形塔身分3层，第一层平台距地面57.6m，为商店和餐厅；第二层平台高115.7m，设有咖啡馆；第三层平台高达276.1m。从塔座到塔顶共有1711级阶梯，每层都设有带高栏杆平台，供游人眺望那独具风采的巴黎市区美景。铁塔底部面积10 000m²，在第三层处建筑结构猛然收缩，直指苍穹。

　　1889年5月15日，为给世界博览会开幕式剪彩，铁塔的设计师古斯塔夫·埃菲尔亲手将法国国旗升上铁塔的300m高空，人们为了纪念他对法国和巴黎的这一贡献，还在塔下为他塑造了一座半身铜像。

　　铁塔设计新颖独特，是世界建筑史上的艺术杰作，是法国巴黎的重要景点和突出标志，现在成了法国乃至全世界最吸金的建筑地标。埃菲尔铁塔经历了百年风雨，但在经过20世纪80年代初的大修之后风采依旧，巍然屹立在塞纳河畔。它是全体法国人民的骄傲，也是世界的骄傲。埃菲尔铁塔速写及实景见图1-8、图1-9。

图1-8　埃菲尔铁塔速写

图1-9　埃菲尔铁塔

　　埃菲尔铁塔的设计处在一个变革的时期，铁塔是现代主义作品，反对古典的穹隆顶模式。19世纪的巴黎依然是仿文艺复兴古典主义的风格，体现于建筑上是恢复穹隆顶的风尚。自从英国伦敦"水晶宫"作为历史上第一个利用玻璃、钢铁和木材建造出的大型建筑物开创了现代建筑的源头之后，还没有能与之媲美的城市建筑产生。

　　53岁的亚历山大•古斯塔夫•埃菲尔（Alexander Gustave Eiffel）当时是欧洲有名的建筑设计师，19世纪下半叶的大部分著名建筑设计师的名录中都能找到他。埃菲尔建议法国当局建造一座高度两倍于当时世界上最高建筑物——胡夫金字塔、科隆大教堂和乌尔姆大教堂的铁塔，并于1886年6月向1889年博览会总委员会提交了图纸和计算结果，1887年1月8日中标。

　　1887年1月28日，埃菲尔铁塔工程正式破土动工，基座建造花了一年半的时间，铁塔安装花了8个月多一点的时间，于1889年3月31日全部结束。共有50名建筑师和设计师画了5300张蓝图。对于1889年巴黎世博会的2500万游客而言，高达300多米的埃菲尔铁塔成了最具吸引力的建筑，体现了整个世纪的建筑技术成就，堪称最大胆、最进步的建筑工程艺术。

1.2 速写的目的及作用

　　速写，通常被认为是"练手"的方式和收集材料的工具。这其实是完全不正确的。照相机以及摄像机的普及确实解放了速写，但照片和图像是无法取代画家用眼睛概括出来的个人体验和感受的，这种感受不是单凭手法熟练就能获得的，而在于画家敏锐的观察、独特的认知能力，是对形象的认识能力、创造性的想象力和判断力的综合体现。

1.2.1 速写的目的

　　从根本上来说，速写的目的主要是为了培养绘画者敏锐的观察能力和概括能力，也可以通过练习提高绘画者对形象的记忆能力和默写能力，比起强调准确造型能力对西方经典石膏的素描，速写更能体现绘画者在瞬间把握造型、感受造型的能力。

1.2.2 速写的作用

　　对于初学者来说，速写是培养敏锐观察能力和艺术造型能力的重要途径。速写可以培养学习者灵活准确的造型能力，能够从复杂多变的生活场面和人物中捕捉、概括出不同形象的鲜明特征。速写的作用可以归纳为以下几点。

　　（1）速写能培养我们敏锐的观察能力，使我们善于捕捉生活中美好的瞬间。

　　（2）速写能培养我们的绘画概括能力，使我们能在短暂的时间内画出对象的特征。

　　（3）速写能为创作收集大量素材，好的速写本身就是一幅完美的艺术品。

　　（4）速写能提高我们对形象的记忆能力和默写能力。

　　（5）速写能探索和培养具有独特个性的绘画风格。

　　总体来说，速写作为造型艺术基本功的训练方式，能够培养学习者对物象敏锐的观察力，具备与众不同的眼光，以艺术家的眼光去认识和观察世界，在平凡中发现伟大，在一般中发现典型。

知识拓展

　　速写的观察方法有以下两种。

　　1.概括取舍，删繁就简

　　要善于概括取舍，删繁就简。只有把目光和精力集中于最主要、最本质、视觉最敏感的地方，才能舍弃那些无关紧要的细节。大的轮廓、结构，大的动势、节奏，是表现物象的重点和主导，只有抓住了整体，才是抓住了最本质的东西。没有概括和删减，平铺直叙地去描绘，画面必然苍白无力，如图1-10所示。

图1-10　速写图

2.敏锐的观察力

要培养敏锐的观察力，具备一双"艺术家的眼睛"，能够发现一般人所不能观察到的美的和感人的东西，于平凡中发现伟大。

1.3　速写与建筑学的关系

建筑速写是建筑学专业的一门必修课。建筑速写主要培养绘画者对建筑对象敏锐的观察能力、过目不忘的记忆能力、快速概括地描绘物体的表达能力，进而提高艺术鉴赏力并养成随时随地观察思考的良好习惯。

对于学生来说，建筑速写是一种简便的、快捷的学习方式，它能迅速地记录和收集与设计有关的信息，反映和捕捉设计时稍纵即逝的灵感火花，准确地表达设计创意和构思理念，属于必须掌握的基本设计手段之一。图1-11所示为钢笔速写图。

图1-11 钢笔速写图（作者：卢国新）

案例1-2

约恩·乌松与悉尼歌剧院

悉尼歌剧院，位于澳大利亚悉尼，占地1.84公顷，长183m，宽118m，高67m，是20世纪最具特色的建筑之一，也是世界著名的表演艺术中心、悉尼市的标志性建筑，如图1-12、图1-13所示。该剧院设计者为丹麦设计师约恩·乌松（Jorn Utzon），建设工作从1959开始，1973年大剧院正式落成。在2007年6月28日这栋建筑被联合国教科文组织评为世界文化遗产。

悉尼歌剧院坐落在悉尼港的便利朗角（Bennelong Point），其特有的帆造型，加上作为背景的悉尼港湾大桥，与周围景物相映成趣。每天都有数以千计的游客前来观赏这座建筑。

悉尼歌剧院是一幢设计新颖的表现主义建筑，它有一系列被称为壳的大型预制混凝土构件，每一个构件都取自拥有相同半径的半球体，它们构成了剧院的屋顶。尽管悉尼歌剧院的屋顶结构通常被称为"壳"，事实上它们在构造上严格来说并不是"壳"，而是由肋骨状的预制混凝土构件支撑的预制混凝土嵌板。整个建筑共有2194个这样的嵌板，每个重量大约是15吨，整个屋顶的重量为27 000吨，它覆盖着1 056 006块由瑞士哈格纳斯（Höganäs）制造的光滑的白色有人字纹路的瓷砖，从远处看这些"壳"显得非常洁白。这些瓷砖具有自动清洗的性质，不过还是会定期维护和更换。

悉尼歌剧院主要由两个主厅、一些小型剧院、演出厅以及其他附属设施组成。两个大厅均位于比较大的帆型结构内，小演出厅则位于底部的基座内。其中最大的主厅是音乐厅，最多可容纳2679人。设计的初衷是把这个最大的厅堂建造成为歌剧院，后来设计改动了，甚至已经完工的歌剧舞台被推倒重建。音乐厅内有一个大风琴，是由罗纳德·沙普（Ronald Sharp）于1969年至1979年制造的，号称是全世界最大的机械木连杆风琴，由10 500根风管组成。

主厅中较小的一个才是歌剧院。由于当初是将较大的主厅设计为歌剧院，小厅被认为不太适合大型的歌剧演出，舞台相对较小，而且其空间也不便于大型乐队演奏。其他附属设施则包括戏剧院、影院以及摄影室。在入口的阶梯前也经常举行一些免费的公共演出。

图1-12　悉尼歌剧院设计草图

图1-13　悉尼歌剧院实景图

案例分析

悉尼歌剧院的设计始于1955年，当时澳大利亚举办了全球性的设计比赛，题目是在悉尼海港旁设计一座能容纳2600多人的多用途表演场地，能容纳1500人的剧场和能容纳500人左右的戏剧厅。最终，约恩•乌松从233位建筑师中脱颖而出。

约恩•乌松提出的方案在功能和造型上都格外吸引人。他的方案是把两个大型剧院并排而设，而且把两个主剧院的前厅安排在整座建筑物的前端，所以旅客可以先观看悉尼海港的景色后，再进入室内的场馆。这样的设计符合滨水建筑的区位作用。另外，整座建筑物的外形也是绝对吸引人的，据设计者晚年时说，他当年的创意其实是来源于橙子，正是那些剥去了一半皮的橙子启发了他。而这一创意来源也由此刻成小型模型放在悉尼歌剧院前，供游人们观赏这一平凡事物引起的伟大构想。设计者采用贝壳、帆船元素，想让这个建筑得到悉尼港口的滋润，也希望这个建筑的落成能让整个悉尼港永远保持活力，它的各扇形外壳独一无二，亦无疑使该建筑物一直成为澳洲的地标。

本章小结

速写不但是造型艺术的基础，而且是一种独立的艺术表现形式，它的表现形式几乎可以涵盖所有的造型艺术及各个艺术领域。同时，速写在培养学生敏锐的观察能力、高度概括能力、对物象的记忆能力、创新思维能力等方面起着十分重要的作用，因此，速写训练是非常重要的。艺术来源是生活、实践，而速写是生活、实践的直接对话者。对于美术爱好者而言，速写是感受生活、记录感受的方式，速写也是使这些感受和想象形象化、具体化的手段。

思考练习

1. 什么是速写？
2. 速写的分类有哪些？
3. 简述速写的作用。

实训课题：速写与建筑学的关系

1．内容：提交"建筑设计中的速写"PPT一份，包括：①速写对于建筑设计的作用、意义和影响；②怎样结合速写进行建筑设计；③相关建筑设计案例；④最少阅读5篇速写在建筑设计中的应用的文章（观点要标注出参考文献）。

2．要求：内容充实，不少于20页，编排合理。

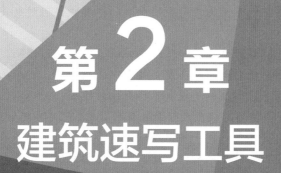

第2章
建筑速写工具

- 了解建筑速写所需要的各种工具。
- 掌握建筑速写工具的基本使用方法。

本章导读

张易生毕业于清华大学建筑系，是我国著名的建筑师与水彩画家，先后任教于合肥工业大学、福州大学建筑系，是中国建筑学会会员、中国水彩画学会会员。其艺术跨越建筑与美术两个领域：建筑创作曾获建筑设计奖等四十余奖次；绘画方面主攻水彩画，参加国内外各种展览，代表作品有《春江》《夕照》《水乡》等，作品先后在合肥、芜湖、南昌、厦门等地举办个展，作品赴孟加拉、马来西亚、澳大利亚、保加利亚、韩国及中国香港展览。出版有《张易生水彩画》《建筑·速写》《合肥工业大学建筑作品专辑》等。

张易生教授一生从事建筑教育工作，是我国著名的建筑师，同时也是一位颇有成就的水彩画家，创作了大量水彩画。

水彩画，是用水调和透明颜料作画的一种绘画方法，由于色彩透明，一层颜色覆盖另一层可以产生特殊的效果，因而受到人们的喜爱。对于中国人而言，水彩画也是一种舶来的画种，历经几百年的时间，许多中国画家既汲取了水彩画的精髓，又融入了许多中国元素，展现了中国人的精神气质和审美情趣，成为一种国人喜闻乐见的艺术形式。

张易生教授创作的《新安江之晨》，构图严谨，风格清新，水和颜料的完美组合使画面显得水乳交融，带着令人陶醉的特殊风韵，让观众就像感受爽朗的清风。画面中水的渗化作用、流动的性质，以及随机变化的笔触，让人感觉得到那种光波的流动，仿佛让人置身于新安江畔，感受到大自然带给我们的清新与宁静。

案例分析

水彩画最早出现在欧洲，素以简洁明快、色彩清新亮丽著称，具有很高的可观赏性，非常适合作为家居装饰。近年来，水彩画渐渐融入了中国文化元素，被赋予了诗情般的意境。

水彩画是艺术情感流露的最好的语言之一。水彩画用水稀释颜料，通过颜料和水的不同比例，勾勒出一幅幅色彩斑斓的画面。通过画面中水的渗化，以及随机变化的笔法，使人们感觉犹如飘浮的云彩、犹如灵动的溪流，其他绘画形式都无法达到这种意境。

张易生的水彩画与江南水乡完美结合，通过水和颜料的完美运用，烘托出一个个意境深远的画面，使我们享受着视觉上的冲击，同时又深深体会到了画家内心真切的情感和浓烈的艺术情怀。无论是色彩斑斓的阳光，还是波澜壮阔的海洋世界，艺术家内心里充满着色彩冲动和表现欲，他们的色彩世界只能通过手中的笔墨来表现。

2.1 建筑速写常用的笔类工具

俗话说，工欲善其事，必先利其器。画好速写的第一步就是亲自运用和实践不同的材料和工具。工具和材料是掌握速写技法的先决前提。速写的工具材料有很多，我们不需要全部掌握，但对一些常见的工具材料以及性能特点必须有一个了解，下面介绍一些重要的笔类工具和材料。

笔的种类有很多，主要有铅笔、炭笔、炭精条、钢笔、毛笔、马克笔等，其性能与效果都不大相同，使用时可以根据建筑物的形态和自己所要表达的效果进行选择。

2.1.1 铅笔

铅笔是我们十分熟悉的工具，是画速写时较常用的工具，也是普遍采用的速写工具之一。一般来说，初画速写的人最好使用铅笔。因为铅笔容易掌握，也容易修改。刚开始作画时，不能准确地把握形，有时就得借助橡皮。图2-1和图2-2为铅笔速写效果图。

铅笔有软硬之分。通常，铅笔的软硬是针对笔芯说的，通常用英文字母和阿拉伯数字标明在笔杆上：字母"H"表示硬度，常用的"H、2H、3H…"前缀的数字越大，笔芯的硬度越大；而"B"表示软，例如"B、2B、3B、4B…"前缀的数字越大，笔芯越软。BH表示软硬适中，黑度适中。铅笔的特点是润滑流畅，适用于以线条及明暗表现对象。铅笔画出的线条有粗细、浓淡等效果，在画明暗调子时，层次变化丰富，画面较生动。

速写最好用石墨笔芯铅笔，因为这种铅笔不污染纸，也不需要定色剂，所以人们宁可用铅笔而不用炭笔。有一种活动铅笔，笔芯可以拆换，这就大大减少了带到野外的铅笔的数量，至于铅芯，从极软到极硬的都有，用砂纸磨一磨就尖了。铅笔有多种等级和衍生物，彩色铅笔中的黑色铅笔的质地不同于石墨铅笔，而且颜色也比石墨铅笔黑。

速写用的彩色铅笔有很多，可以用笔芯的质地以及某些产品的水溶性特征来区分。

图2-1 胡军素描画

图2-2 人物（铅笔）速写

知识拓展

　　铅笔大多是用碳的同素异形体之一石墨做笔芯的。铅笔可以按照笔芯中石墨的份量来划分种类，一般可划分为H、HB、B三大类。其中H类铅笔，笔芯硬度相对较高，适用于界面相对较硬或粗糙的物体，比如木工画线、野外绘图等；HB类铅笔笔芯硬度适中，适合一般情况下的书写；B类铅笔，笔芯相对较软，适合绘画，也可用于填涂一些机器可识别的卡片。比如，目前我们常使用2B铅笔来填涂答题卡。另外，常见的还有彩色铅笔，主要用于画画。

2.1.2 炭笔

　　炭笔是速写的常用工具。炭笔笔芯较粗，加上是炭质材料，因此黑白对比度强，较之铅笔线条颜色更浓重，也容易画出色调的丰富层次。同时，炭笔在纸上运行时手感阻力较大，其线条在滞留中更富有内在的力度，如图2-3所示。

图2-3　炭笔人物素描

　　较之炭笔来讲，炭精条更具表现力。炭精条短而粗，形状有方、圆两种，颜色不多，一般有黑、棕、灰、绿等，如图2-4所示。使用时，可以先把它削成一个斜面，或者尖头状。削尖后，线条实而细，若使其侧倒其线条又可虚而粗，亦可大面积涂擦。利用其棱边又可画出锐利且有变化的线条。通过用笔的轻重快慢与俯仰正侧，或勾或皴，并铺以手指、纸笔、橡皮的或擦或揉，可以制造出无数的层次乃至色彩感。

　　炭精条适用于作大幅的画，铺大块面的调子，它可以用各种方法来画，经过压力或角度的变化，就会获得不同的表现效果。如结合擦笔的运用，画面有了柔和的调子。需要注意的是，炭精条的用纸不宜太粗，否则会感到太干枯。

图2-4 炭精条

2.1.3 钢笔

钢笔作为速写工具，因其使用方便而被普遍采用，如图2-5～图2-7所示为钢笔速写画。钢笔是用合金制成的，富于柔韧性，笔尖有各种形状、尺寸。钢笔本身可以贮存墨水，所以使用和携带都很方便。钢笔要经常清洗以免笔尖有沉淀物，影响速写的笔迹。美术用品店有速写专用钢笔，笔尖都是经过特殊处理过的。

钢笔速写的基本技法一般以线为主，线条基本无深浅变化，一经画上，便难以修改。因此作画时需要判断准确，下笔果断，不可犹豫。

钢笔有很强的表现力，它既可以画出简单、明确而肯定的单线，也可以通过线的排列而构成色调，线条疏密亦可表示线条的色调层次和变化。

钢笔与不同的用纸结合，可给钢笔线条带来丰富的变化和新的表现力。

图2-5 建筑速写配景——人物速写（作者：卢国新）

图2-6 钢笔建筑速写（作者：卢国新）

图2-7　建筑速写配景——抱鼓石（作者：卢国新）

案例2-1

叶浅予和他的舞蹈速写

　　叶浅予是新美术运动中的开山级人物。他在绘画艺术上有广泛而大胆的创作才能和创作精神，他的艺术风格标新立异，往往在艺术界独树一帜。叶浅予的作品中最具有代表性的是漫画和速写，而在他的一生中，速写舞蹈人物是他艺术创作中的一大亮点，如图2-8和图2-9所示。

　　叶浅予的舞蹈人物画多为民族舞（苗、藏等地区的风俗舞蹈），同时还有印度舞。它们独成一格，速写风格渐渐向中国画靠拢，从而形成独特的艺术魅力和艺术价值。在叶浅予的舞蹈人物画中，印度舞蹈速写最具有特色。一幅好的舞蹈画是画家在欣赏舞蹈时某一瞬间一个动作对他的情感冲击。舞蹈动作多半是在快速中展现出来的，它转眼即逝，很难捕捉，而且在这个过程中最大的困难就是捕捉舞蹈动作的感情色彩，从这一点来说，画家和舞蹈家必须感情相通，而且作为画家还必须掌握并且熟悉舞蹈动作，同时还得具备和绘画一样的舞蹈感情，这样才能把舞蹈语言转化为绘画语言。

整幅画有种水墨画与漫画的味道，也是叶浅予速写人物画的最大特点——传统与现代的结合。如图2-8所示，其最大的看点就是用线条和颜色的搭配来表现衣服的质感。叶浅予采用了大量的水墨线包括浓墨和淡墨，同时还运用了重彩相结合表现衣服的明暗关系和质感。如在衣服的挤压处用墨线条表现，而舞蹈家绿色衣裙有浓有淡，十分生动地表达出明亮、快活的色调。舞蹈家头上的三颗宝石和耳坠，舞蹈家浓密的眉毛、微闭的双眼、微笑的表情，更加突出作为舞蹈家的气质。头发上的细碎的花饰用雅黄点缀其中，如同珍珠般闪闪发光，更加体现舞蹈家的美丽。头部的塑造包括宝石、耳环，头发上的花饰使头部更加形象化，而不显得呆板和无内容。

叶浅予大师的舞蹈人物速写在他的艺术创作中占有重要的地位，是他一生速写创作的辉煌，他为舞蹈人物速写开创了新天地、新风格。

图2-8 婆罗多舞（作者：叶浅予）

图2-9 藏族舞蹈绘画（作者：叶浅予）

案例分析

由铅笔速写稿到一幅民族舞蹈创作，需要很精细地加工，这期间国画特有的笔墨技法的锻炼修养也是很重要的。叶浅予的用墨十分讲究，他把墨的焦、干、浓、淡、浅(传统的说法叫作"墨分五彩")发挥得淋漓尽致，这也是他从齐白石、黄宾虹等花鸟画、山水画的方法借鉴到人物画中来的技法。本来传统的中国人物画中，从宋代的梁楷、石恪的"大写意"开始，就很注意笔墨的运用，一直到明代的吴小仙、张平山一派，也是讲究笔墨的运用，这一流派的人物画到了清代就衰落了。任伯年是清末大家，山水、花鸟、人物都擅长，在人物画上，他也同样兼善工笔重彩和写意笔法，并巧妙地运用到人物舞蹈画方面去。

叶浅予是我国著名的速写画家，几十年来，他孜孜不倦地从事各种人物、风景、静物的速写，速写是用快速、简练的线条去捕捉客观事物的主要形象和动态。速写不但锻炼画家的手，更重要的是锻炼了画家的眼力和头脑，眼、脑、手并用，通过敏锐观察和准确用笔，产生了简洁美妙的艺术语言，这在中国画中主要是线条，其次是构图和色彩。叶浅予的舞蹈作品，主要得力于他的速写功夫，从数以万计的速写习作中，打下了国画创作的基础。他是速写画最勤奋的画家之一，速写本始终不离身，他只要遇到舞蹈演出就去观看，每次看舞蹈时都手不停地画速写。要问叶浅予舞蹈作品成功的秘诀，我想，对于描写对象的熟悉和速写功夫的深刻，这都是主要的。

2.1.4 毛笔

毛笔表现力强，效果丰富，但也比较难掌握。毛笔有硬毫、软毫和兼毫三种，其性能刚柔有别，可根据自己的偏爱进行选择。毛笔一般在宣纸、高丽纸、元书纸上画速写效果最好，其笔法很多，画速写多以勾、皴、擦、点为主。毛笔速写应充分发挥其特有的性能，通过用笔的正侧顺逆及速度与力量的变化，再加上用墨的浓淡干湿的调配，制造出鲜活的、极具形式意味的墨象来，如图2-10和图2-11所示。

图2-10 吴昌耀的毛笔速写（1）

图2-11 吴昌耀的毛笔速写（2）

2.1.5 马克笔

马克笔一般可分为油性和水性两种，如图2-12所示。

图2-12 马克笔

油性马克笔的颜料可用甲苯稀释，有较强的渗透力，尤其适合在描图纸(硫酸纸)上作图。油性马克笔的特点是色彩柔和，笔触优雅自然，加之淡化笔的处理，效果很到位。其缺点是难以驾驭，需多练习才行。在室内透视图的绘制中，油性的马克笔使用得更普遍。如图2-13所示为马克笔室内表现图。

图2-13 马克笔室内表现图

水性马克笔的颜料可溶于水，通常可用于在较紧密的卡纸或铜版纸上作画。水性马克笔的特点是色彩鲜亮且笔触界线明晰，和水彩笔结合使用又有淡彩的效果。它的缺点是重叠笔触会造成画面脏乱、洇纸等。

马克笔表现技法是一种既清洁且快速，又有效的表现手段。说它清洁，是因为它在使用时易干，颜色纯和不腻。由于其笔号多而全(需要强调的是马克笔因品牌的不同笔号亦不同)，在使用时不必频繁地调色。马克笔用得是否出色，在很大程度上取决于速写的功底。马克笔速写如图2-14所示。

图2-14 马克笔建筑写生（作者：卢国新）

知识拓展

马克笔的上色步骤

1.勾勒

首先最好用铅笔起稿，再用钢笔把骨线勾勒出来，勾骨线的时候要放得开，不要拘谨，允许出现错误，因为马克笔可以帮你修正一些出现的错误，可以用线稿把物体的前后关系、阴影画出来之后再上马克笔，马克笔也是要放开，要敢画，落笔要干净肯定，要不然画出来很拖拉，没有张力。颜色最好是临摹实际的颜色，尽量选用CG、WG等灰色调打底，避免出错，可以增加饱和度高的颜色来突出主题，使画面更有冲击力，更吸引人。

2.重叠

颜色不要重叠太多，这样会弄脏画面。必要的时候可以少量重叠，用浅色打底，后续用同色系的深色过渡，以达到更丰富的色彩层次。太艳丽的颜色不要用太多，花、书本等面积较小的地方可以少用，增加画面的饱和度，不过要求画面的个性可以用饱和度高的颜色来凸显画面，但是要注意会收拾，把画面统一起来。马克笔没有的颜色可以用彩色铅笔补充，也可以用彩色铅笔来缓和笔触的跳跃，使画面更加和谐统一，不过还是提倡用马克笔画出干净利落的笔触。

2.1.6 水彩

水彩画是用水调和透明颜料作画的一种绘画方法，简称水彩，由于色彩透明，一层颜色覆盖另一层可以产生特殊的效果，但调和颜色过多或覆盖过多会使色彩肮脏，水干燥得快，所以水彩画不适宜制作大幅作品，适合制作风景等清新明快的小幅画作。

水粉画有两个基本特征：一是画面大多具有通透的视觉感；二是绘画过程中水的流动性。由此造成了水彩画不同于其他画种的外表风貌和创作技法。颜料的透明性可使水彩画产生一种明澈的表面效果，而水的流动性会生成淋漓酣畅、自然洒脱的意趣。

总体来说，水粉画颜料调色方便，色层稳定，可以调出任何微妙的色彩变化，是我们学习绘画主要的工具和绘画材料。但它在室外写生时由于需要换水等，使用时不太方便。

案例2-2

风景画家约翰·康斯特布尔

约翰·康斯特布尔（John Constable，1776—1837），英国风景画家，深刻地影响了19世纪的绘画。他将更多的色彩引进风景画，通过保持各笔触之间的不互相混合，取得了绚烂的效果。1824年，康斯特布尔把《干草车》这幅画送到巴黎参加官方沙龙，并获得巴黎美展金奖，轰动了美术界，如图2-15所示。

《干草车》描绘的是康斯特布尔诞生的村庄——特福德。该画长约1.85m，这种规格的画作一般以大型题材作为绘画主题，比如历史题材。而康斯特布尔却毫不容惜地将风景绘制其上，非但不显得呆板和单调，其层次分明的主题以及严谨的构图还将自然与人的和谐表现得恰到好处。这幅作品整个画面充满了阳光、充满了温暖和生活的气息，表现出一个简单的乡村场面。其中一只循声而望的狗引领着视线：一辆干草车正在过河，河水平静温和，静静地伴随着正在河边淘洗的农妇以及其身后颇具特色的乡间小屋。沉着的色调给画面平添了几分静谧与安逸。

图2-15 《干草车》（油画）

案例分析

康斯特布尔以纯朴的现实主义自然观向人们展现明净的大自然。在他的画里没有诗情的回忆，也没有理想的修饰，更没有哲理的暗示，他在用笔触和色彩表现某种特定的光线、特定的时间和特定景色中用语言传达不了的东西。

康斯特布尔的水彩画，是他生活和自然印象的直接体现，他总是画得很快、很精、很有力量，他的作品是为他个人需要而画，因而被人们所忽视。然而，他作品的启示性是英国绘画史上的重要财富之一。现在，康斯特布尔被称为开创英国风景画新时代的巨人，并且也是开创世界水彩风景画的先驱，对后世的艺术家影响广泛而深远。

知识拓展

与油画、水粉画的技法相比，水彩画的技法最突出的特点就是"留空"的方法。一些浅亮色、白色部分，需在画深一些的色彩时"留空"出来。水彩颜料的透明特性决定了这一作画技法，浅色不能覆盖深色，不像水粉和油画那样可以覆盖，依靠淡色和白粉提亮。在欣赏水彩作品时只要留意一下，就会发现几乎每一幅都运用了"留空"的技法。恰当而准确的空白或浅亮色，会加强画面的生动性与表现力；相反，不适当地乱留空，容易造成画面琐碎凌乱现象。着色之前把要留空之处用铅笔轻轻标出，关键的细节，即便是很小的点和面，都要在涂色时巧妙地留出。另外，凡对比色邻接，要空出对方，分别着色，以保持各自的鲜明度。

一些常用笔的性质，如表2-1所示。

表2-1 一些常用笔的性质

常用笔	线条	特点
粗杆、超细笔尖		适用于速写，会渗色，适用于马克纸，色种有黑色和其他多种颜色
粗杆、中等笔尖		子弹型多用途笔尖，适用于大型速写以及为细线条速写设色。线条宽度因用力轻重而异，色种有黑色、灰色和其他多种颜色
粗杆、宽笔尖		与钢笔有相同的特点，但画出的笔画可粗可细，转动笔尖即可以画出各种笔触和线条，色种有黑色、灰色和其他多种颜色

常 用 笔	线 条	特 点
细杆、超细笔尖		毡笔尖或尼龙笔尖，适用于速写。用笔过重会导致笔尖在墨水耗尽前发毛。适用于彩色墨水，其墨水溶于水，不褪色
细杆、中粗笔尖		适用于速写，可画粗线条，墨水有黑色、灰色以及其他有限的几种彩色
细杆、粗笔尖		性质与中粗笔尖相同
中粗杆、超粗笔尖		笔管内贮有墨水，一次性使用，可换用不同型号的笔尖。笔尖可湿用，也可在相对干燥时使用，用途广泛
细杆、楔形笔尖		可画出不同宽度的线条，一般用于书法，也可以用于速写
细杆、尼龙或纤维笔尖		画出的线条细而均匀。笔尖坚硬，压而不扁
细杆、圆珠笔尖		画出的线条细而均匀。笔尖坚硬，不变形
中粗杆、笔尖柔韧		其特点与钢笔相同。笔尖较钢笔柔软，很像鹅毛笔尖。使用墨汁，必须经常清洗以保持书写流畅
中粗杆、硬笔尖		画出的线条粗细均匀。所用墨水要有水溶性，一时停用仍能流利书写

续表

常用笔	线条	特点
细杆、笔尖柔韧		有速写笔的功能，但需蘸墨水。笔尖有多种，可更换
细杆、笔尖柔韧		蘸水笔。笔尖有细有粗，品种繁多。较鹅毛笔贮墨多
中粗杆、硬笔尖		内有贮水笔胆。如果不连续使用，有时会发生堵笔现象。作画时，运笔垂直，墨水即可畅流。笔尖有多种型号，可画出不同粗细的线条
细杆、软毛笔尖		有多种型号，要想使用自如，还必须有一定的技巧，既可用于速写，也可用来着色
中粗杆、软毛笔尖		内有笔胆，如果不经常使用，墨水会干涸。所用墨水有黑色和少数几种其他颜色
细杆、硬笔尖		木杆铅笔。有各种颜色和类型的笔芯，如炭精芯、石墨芯、木炭芯、蜡笔芯、粉笔芯等
细杆、可调整笔尖		露出的铅芯可随意调整长短。可使用多种颜色的铅芯，包括黑色和彩色铅芯
中粗杆		木杆石墨铅芯的速写铅笔。铅芯有几种软度，较柔软的铅芯更好用，但易脏

续表

常 用 笔	线 条	特 点
长方形杆		长方形软铅芯可以画出不同宽度的笔触，效果极佳
细杆、可更换笔尖		极细且易碎铅芯，对速写画面的大小有限制
中粗杆		非常柔软的深黑蜡质笔芯，画在画面上质感好，但容易脱色
方杆、方形、可更换笔尖		既有粉笔芯也有蜡笔芯，可用笔杆或用笔芯边缘获得特殊效果

2.2 建筑速写的材料

　　市场上适合建筑速写的纸张种类很多，尺寸各异，从硬纸面的优质板纸到吸水性能极好的水墨纸都可以使用。画者在选择时，也要根据其想要获得的效果酌定。昂贵的纸不一定是首选，重要的是笔与纸接触所产生的效果，有时很低劣的纸反而会获得特别的效果。

　　下面对几种常用的纸张进行介绍。

1. 速写本

　　速写本方便携带，且容易购买，它的用纸一般为素描纸，吸水性强，纸面有肌理，画出的线条容易掌握。其缺点是幅面有一定限制，不容易画较大的构图。

2. 普通复印纸

　　普通复印纸有A4、A3等标准规格，价格便宜，纸面光滑，画出的线条流畅，吸水性适中，结合马克笔写生是很经济实惠的选择。

3. 铜版纸

铜版纸纸面光滑，吸水性较差，熟练者使用有酣畅淋漓的感觉，结合马克笔使用更佳，能保留马克笔的笔触不受覆色的影响。

4. 保定水彩纸

保定水彩纸被称为国产最好的水彩纸，吸水性适中，表面有纹理，棉性、韧性极佳，最适合美工笔画建筑速写。

5. 其他纸张

除了上述纸张外，还有色卡纸、宣纸、硫酸纸等，追求特殊画面效果的可以选择使用。

小贴士

初学绘画时，经常可以看到画者在强烈的阳光下，面对雪白的绘图纸用细而硬的笔作画，在这种情况下，很容易严重地伤害眼睛，因此，您需要找一个阴影位置绘画。

本章小结

建筑速写绘画工具有速写本、纸、笔和墨水等。建筑速写没有画笔和纸张的限制，铅笔、钢笔、针管笔、毛笔均可使用；白纸、色纸、宣纸、透明纸亦无妨。其主要目的是练习手、眼、脑的有机配合。

思考练习

1. 练习并总结彩色粉笔的使用技巧。
2. 比较铅笔和钢笔在使用时各有什么特点？

 实训课堂

实训课题：速写工具的使用方法

1．内容：使用两种及以上速写工具画两幅建筑速写，包括：①两种及以上的笔；②至少一幢建筑物。

2．要求：画面中要体现出不同笔的运用技巧。

第3章
建筑速写透视

● 了解透视的含义和特点。
● 掌握各种透视图的画法及彼此之间的区别。

本章导读

达·芬奇《最后的晚餐》

列奥那多·达·芬奇(Leonardo da Vinci),文艺复兴繁盛时期的著名画家、工程师、自然科学家。他十分注重对透视学的研究,在1490—1498年间阅读了13世纪波兰学者维太罗的透视学著作,结合阿尔伯蒂的《绘画论》和弗朗西斯卡的《绘画透视学》,以科学的态度,不断地实践,写了许多有关透视学、画家守则和人体运动方面的笔记,后人将其整理成《画论》一书,书中把解剖、透视、明暗和构图等零碎的知识归纳成系统的理论。

达·芬奇将透视分为三个分支,即线透视(形体)、空气透视(色彩)、隐没透视(阴影)。因此,绘画透视学系统而完整,对欧洲绘画艺术的发展影响巨大,同时也将当时的绘画水平发展到了一个新阶段。1495—1498年,他为米兰马利亚·德拉·格拉契修道院所作的壁画《最后的晚餐》,如图3-1所示,就是巧妙地运用了透视学中平行透视原理而做到内容与形式完美结合的典范作品。

在《最后的晚餐》这幅画中,桌子上有很多个小面包,把它们按音乐的顺序排列可以构成一首将近一分钟的歌曲,曲调很悲伤。在空间与背景的处理上,达·芬奇利用食堂壁面的有限空间,用透视法画出画面的深远感,好像晚餐的场面就发生在这间食堂里。他正确地计算离地透视的距离,使水平线恰好与画中的人物与桌子构成一致,给观众造成心理的错觉,仿佛人们亲眼看见这一幕圣经故事的场面。在这幅画的背景上有成排的间壁、窗子、天顶和背后墙上的各种装饰,他那"向心力"的构图是为了取得平衡的庄严感的对称形式,运用得不好,很容易形成呆板感。明暗是利用左上壁的窗子投射进来的光线来表现的。所有的人物都被画在阳光中,显得十分清晰,唯独犹大的脸和一部分身体处在黑暗的阴影里。这种象征性的暗示手法,在绘画上是由达·芬奇开始的。

图3-1 最后的晚餐

案例分析

在照相机和电视机发明之前，绘画无疑是自然的唯一模仿者。知识是建立在真实基础之上的，绘画是传播知识的最好的桥梁（这是指在没有照相机和电视机之前）。画家应以现实世界（即自然）为对象来作画，这样画出的画才是真正有用的画，也就是说画家画出的东西应该是真实（即现实世界真正存在的事物）的。绘画作品有两个作用：第一是传播知识的作用；第二是让人能欣赏到美。达•芬奇是人类历史上第一个真正意识到绘画的这两项作用的人，而且达•芬奇的绘画作品，完全起到了这两个作用。

达•芬奇一生不但创作了大量的绘画，而且从三十岁左右开始，就自觉地记录自己的创作心得，广泛研究与绘画相关的解剖学、光学、透视学、色彩学等自然科学。达•芬奇在绘画理论和创作上取得的成就，结束了绘画是工艺的时代，开创了绘画是以科学为基础的艺术时代。他的美学思想来自长期的艺术创造实践和科学实验，其绘画理论既是自身创作经验的总结，又是盛行文艺复兴时代绘画艺术经验的总结，是经过充分思考之后的理论提升，所论证的问题既有具体的针对性，又有普遍的理论意义，代表了文艺复兴时期最成熟的艺术美学思想。

3.1 透视概述

"透视"一词来自拉丁文"persdicere"，意为"透而视之"。在画者和景物之间竖立一块透明玻璃，透过玻璃可以看到景物，再把景物的形象画在透明玻璃的平面上，可以得到物体的透视图形，在二维空间纸上呈现出三维立体空间。

在进行室内外建筑速写创作时，都有一个绘图的技法、技能问题，透视是绘制建筑速写最重要的基础。就算有着高超的绘图技巧，如果在透视方面出了差错，那所完成的建筑速写就是毫无意义的，因此，在进行室内外建筑速写创作之前，就得先对透视原理有充分的了解。

知识拓展

马克笔的上色步骤

透视学是每位学生必须掌握和熟练运用的基本技能。它从理论上直观地解释了物体在平面上呈现三维空间的基本原理和规律，使初学者能很快地判断出所画对象哪些线与面应该产生透视变化，哪些仅有大小变化，在写生和创作时，就可以很好地处理画面上人物、物体、背景之间的远近、大小空间透视关系。

3.1.1　透视的含义

透视是指通过透明平面观察，确定透视图形的发生原理、变化规律和图形画法。

透视不仅是造型艺术所依赖的一门科学，也是一种视觉现象。这种视觉现象是随着人的视点移动而产生变化的，即这种变化与视点的位置和距离是分不开的。

在现实生活中，当人们边走边看景物时，景物的形状会随着脚步的移动在视网膜上不断地发生变化，因此对于某个物体来说很难说出它固定的形状。观者只有停住脚步，眼睛固定地朝着一个方向去看时，才能描述某个景物在特定位置的准确形状。再则，随着景物与我们远近距离的不同，所看到的景物形状也不一样。通常在距离一定的前提下，空间越深，透视越大。同样大小的物体，也会因视点与物体远近距离的不同而产生大小变化。这就是我们通常所讲的近大远小的透视变化规律。

透视中运用物体形状的近大远小、物体明暗对比的近强远弱、物体色彩的近纯远灰等规律，归纳出视觉空间变化的规律，可以使平面景物图形产生距离感和立体凹凸感。

3.1.2　透视的基本原则

透视的基本原则有两点：一是近大远小，离视点越近的物体越大，反之越小；二是不平行于画面的平行线其透视交于一点，透视学上称为消失点。

透视的基本术语如下。

画面（PP）：眼睛与物体之间形成的假设透明平面。

景物（W）：画面中所呈现的对象。

视点（EP）：透视的中心点，是观察者眼睛所在的位置。

视心（CV）：视点垂直于画面的点叫视心。

消失点（VP）：与视线平行，不平行于画面的平行线其透视交于一点，称为消失点，又称灭点。

消失线（VL）：物体的轮廓到消失点的连线。

站点（SP）：视点与承载物体的平面做垂直线形成的交点称作站点。

视高（EL）：视点与站点的距离。

在绘制建筑速写时，首先要确定透视关系，定好消失点和消失线，必须使所画的建筑物轮廓线符合透视原理，画出准确的透视，这样才能保证建筑物在大的轮廓和比例关系上基本符合透视作图的原理，然后再完善画面，在大的透视关系里添加细节，处理好远景与近景以及周围植物之间的比例关系，如图3-2所示。

图3-2 建筑速写图

3.2 一点透视

一点透视可以表现各种不同的建筑环境气氛,如图3-3所示,在空间布局上需要强调中轴线,而建筑本身又是体型对称,更适合采用,同时也擅长表现层次较多的建筑空间。

图3-3 环境空间图的一点透视

3.2.1　一点透视的含义

　　一点透视，又称平行透视，就是说立方体放在一个水平面上，前方的面（正面）的四边形分别与画纸四边平行时，上部朝纵深的平行直线与眼睛的高度一致，消失成为一点，消失的点称为灭点（VP），而正面则为正方形。立方体的一点透视如图3-4所示。

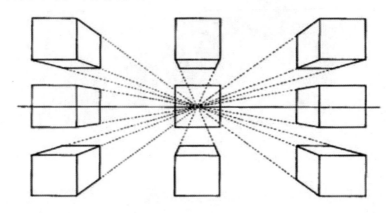

图3-4　立方体的一点透视

3.2.2　一点透视的特征及特点

　　1. 一点透视具有以下特征

　　（1）构成立方体的三组平行线，原来垂直的平行线仍然保持垂直。
　　（2）构成立方体的三组平行线，原来水平的平行线仍然保持水平。
　　（3）只有与画面垂直的那一组平行线的透视交于一点。

　　2. 一点透视的特点

　　用一点透视法可以很好地表现出建筑的远近感和进深感，透视表现范围广，适合表现庄重、稳定的环境空间。其不足之处是构图比较平板。一点透视常用来表现延伸的街道和宽阔的广场等，在室内场景中运用，可营造出空间宽阔的感觉。

3.2.3　一点透视的基本画法

　　一点透视适合表现静态单纯的空间环境。画面中平行于基准面的各个垂直面，其水平、垂直尺寸比例不变，纵深方向的尺寸逐渐缩小，消失于灭点。
　　一点透视的做法如下。
　　（1）在图纸上的中央部分画出墙面的长度和高度（设长为6000mm，宽为4000mm，高为2600mm）。
　　（2）在画面中确定视心（CV）的高度。通常采用眼睛的高度1500mm左右最合适。按照视点（EP）的位置来确定视心（CV），并将视心（CV）分别与a、b、c、d各点相连，如图3-5所示。

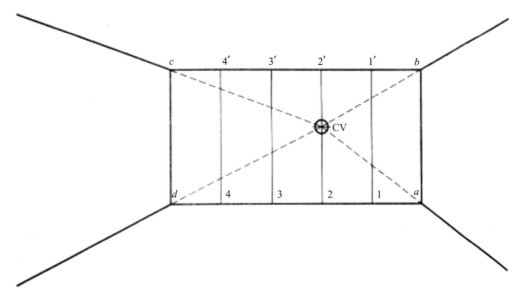

图3-5　一点透视图（1）

（3）将线段*da*向右延长，并在延长线上按照相应测出d_1、d_2、d_3各点的距离，如图3-6所示。

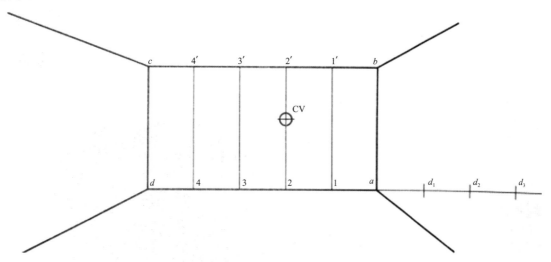

图3-6　一点透视图（2）

（4）分别通过视心（CV）和点d_3作水平线与垂直线，求出两线的焦点，其该点为立点（SP）。

（5）分别连结立点（SP）和d_1、d_2、d_3点并延长，求出$d_1{'}$、$d_2{'}$。

（6）分别通过点$d_1{'}$、$d_2{'}$作水平线和垂直线，以表现空间的进深，从而画出空间中的基准网格，如图3-7所示。

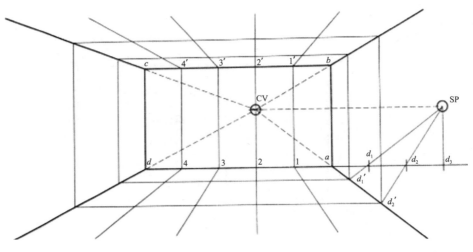

图3-7　一点透视图（3）

（7）将视心（CV）分别与地板、天花上各点（1、2、3、4、1′、2′、3′、4′）连结并作放射线，将其基准网格全部画完。

（8）根据平行法的原理求出基准网格后，在此基础上求出室内透视。

3.3　二点透视

二点透视就是景物纵深与视中线成一定角度的透视，凡是与画面既不平行又不垂直的水平直线，都消失于视平线上的一点，叫作余点。余点在视平线上，景物的纵深因为与视中线不平行而向主点两侧的余点消失。凡是平行的直线都消失于同一个余点，例如楼房的每层分界线都消失于同一个余点。所以，对于立方体景物，在二点透视中都有两个余点，这两个余点分布在主点两侧。如图3-8所示是室内的二点透视图。

图3-8　室内的二点透视图（作者：卢国新）

3.3.1　二点透视的含义

　　二点透视，又称成角透视，就是把立方体画到画面上，立方体的四个面相对于画面倾斜成一定角度时，往纵深平行的直线产生了两个消失点。在这种平行情况下，与上下两个水平面相垂直的平行线也产生了长度的缩小，但是不带有消失点。

　　以二点透视画建筑速写，画面生动，透视表现直观、自然，接近人的实际感觉。但角度选择十分讲究，否则容易使画面变形。

3.3.2　二点透视的特征

　　（1）立方体恰好处在视平线上时，可见到左右两个成角面。

　　（2）立方体低于或高于视平线时，可见到三个面：一个水平顶面或底面，两个成角面。

　　（3）立方体两组成角边与画面成角互为90°余角，所以成角透视又称余角透视。成角越小，余点越远；成角越大，余点越近。

　　（4）两个余点分别处在心点两侧，如果一个余点靠心点近，则另一个必离心点远；当物体与画面成45°角时，两个余点正好与左右距点重合。立方体的二点透视如图3-9所示。

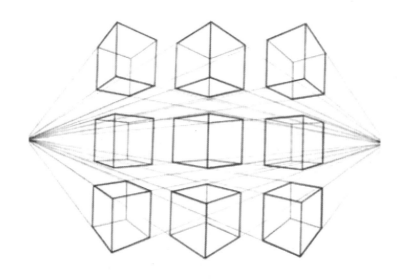

图3-9　立方体的二点透视

　　二点透视所画的空间和物体，都是与画面有一定偏角的立方体。在画面上的立体空间感比较强，画面中主要有左右两个方向的灭点，大多数与地面平行的斜线消失于此两点，使画面产生强烈的不稳定感，但同时也具有了灵活多变的特征。

　　二点透视的特点是图面效果较活泼、自由，比较接近人的一般视觉习惯，所以在建筑设计、室内设计中获得了广泛应用。但二点透视不同于一点透视画面，一点透视画面大多数线条是平行线、垂直线，过于稳定和死板。在实践运用中可根据需要采用不同的画法。

3.3.3 二点透视的基本画法

做法一：

（1）按照一定比例确定墙角线A-B，兼作量高线。

（2）AB间选定视高H.L.，过B作水平的辅助线，作G.L.用。

（3）在H.L.上确定灭点V_1、V_2，画出墙边线。

（4）以V_1、V_2为直径画半圆，在半圆上确定视点E。

（5）根据E点，分别以V_1、V_2为圆心求出M_1、M_2量点。

（6）在G.L.上，根据 AB的尺寸画出等分。

（7）M_1、M_2分别与等分点连结，求出地面、墙柱等分点。

（8）各等分点分别与V_1、V_2连结，求出透视图，如图3-10所示。

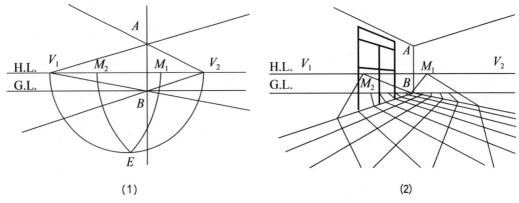

（1）　　　　　　　　　　　　（2）

图3-10 二点透视图（1）

做法二：

（1）过P点做一水平线P-C，并按地板格等分之。

（2）连结CD交视平线于M_1点。

（3）从M_1点向P-C各等分连线，在PD上的交点，为V_1方向的地板透视点，各点连结V_1。

（4）BP也用同理求出透视图。窗格的方法也如此，如图3-11所示。

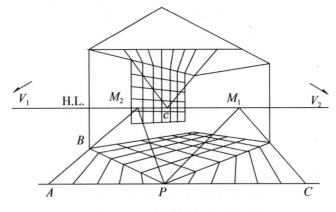

图3-11 二点透视图（2）

做法三：

（1）按室内实际比例画出ABCD边框。

（2）确立视高H.L.，灭点V_1，任意定出M点，V_2灭点线，由V_2交点b引垂线，求出第二灭点透视框。

（3）用M点求出进深，找出CD中点O，连结V_1，连结E-d。

（4）再依次用对角线、分割增殖法求出透视图如图3-12所示。

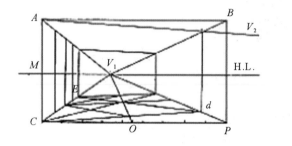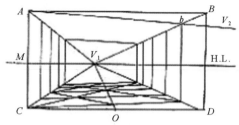

图3-12　二点透视图（3）

两点透视也常用于室内的表现图。一般来说，这种表现图比起一点透视来显得更活泼。

案例3-1

扎哈•哈迪德（Zaha Hadid）英国人，2004年普利兹克建筑奖获奖者，1950年出生于巴格达，在黎巴嫩就读过数学系，1972年进入伦敦的建筑联盟学院学习建筑学，1977年毕业获得伦敦建筑联盟(AA，Architectural Association)硕士学位。哈迪德此后加入大都会建筑事务所，与雷姆•库哈斯和埃利亚•增西利斯一道执教于AA建筑学院，后来在AA成立了自己的工作室，直到1987年。哈迪德至今一直从事学术研究，曾在哥伦比亚大学和哈佛大学任访问教授，在世界各地教授硕士研究生班和开办各种讲座。

20世纪早期，卡西米尔•马勒维奇和埃尔•利西斯基的至上主义艺术激发了哈迪德无穷的创作灵感，哈迪德将至上主义对一点透视的抛弃、对浮动方块和散点透视的推崇转化成现实中的建筑形式。位于德国维特拉制造园区的一个消防站是哈迪德完成的第一个完整的建筑作品，消防站多角刺的位面让我们依稀看到了两位至上主义派大师的影子和对里查•塞拉大型钢板雕塑的致敬。

辛辛那提的当代艺术博物馆是哈迪德在美国完成的第一个完整的建筑作品，其拐角位置看起来就像是一辆开动中的火车头。整个建筑的外围是由黑白搭配的混凝土层堆夹杂着条状玻璃墙，在狭窄末端互锁的外层向前伸展形成一个多角的表面。这种建筑构建让人感受到艺术的创造性张力，这是一幕足以创造新秩序的暴烈奇景，如图3-13、图3-14所示。

图3-13　辛辛那提的当代艺术博物馆（1）

图3-14　辛辛那提的当代艺术博物馆（2）

案例分析

从哈迪德的多项设计作品的构思和表达来看，她与众不同的伊斯兰文化背景显然弱于其所接受的英国式传统保守精神。但不可否认的是，她的性格之中还有着强硬、激烈的一面，她的许多设计手法和观念似乎是在被阿拉伯血统中的刚劲精神热烈地鼓舞着勇往直前。与此同时，她也在一些"随形"和流动的建筑设计方案中流露出贴近自然的浪漫情怀。

以"打破建筑传统"为目标的哈迪德，一直在实践着让"建筑更加建筑"的思想，于是才会有超出现实思维模式的、突破式的新颖作品。

一座完整的建筑形象是由建筑的实体和空间两部分构成的，空间性成为建筑的审美特征之一。因此，以建筑作为主题内容进行描绘的建筑速写，便需要更加注重建筑空间的表现，而空间表现的形式则更多地受到透视的影响，因而透视学的研究对于建筑速写中的内外空间表现都起着举足轻重的作用。

3.4 三点透视

建筑透视大都是正透视，即画面垂直基面的透视。但是，当人们仰视离得很近而又很高的建筑物时，或者当人们在大厅的上部俯视大厅全貌的时候，画面往往是倾斜的。这时往往需要用三点透视进行表示。

3.4.1 三点透视的含义

三点透视，又称倾斜透视，是指立方体一类的物体不平行于画面与基面，棱线分别消失到三个消失点的透视画法。如图3-15所示为立方体的三点透视图。

三点透视具有以下两种情况。

（1）物体本身就是倾斜的，如斜坡、瓦房顶、楼梯等。这些物体的面本来对于地面和画面都不平行而是倾斜的，不是近低远高的面，就是近高远低的面。

（2）景物本身没有倾斜面，但由于景物特别高大，观察它时距离又很近，平视看不到全貌，需要仰视或俯视来观看。

倾斜透视适合表现高大宏伟的景物，仰视景物险峻高远，有开朗之感；俯视景物动荡欲覆，有深邃之感。

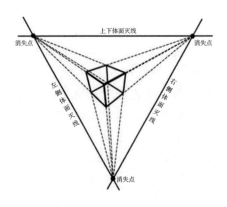

图3-15　立方体的三点透视图

3.4.2　三点透视的特征

　　三点透视是人在俯视或仰视观察景物时呈现的透视效果，在三点透视中，几乎所有的线都是倾斜的，各面都将产生一定的透视现象，让人产生一种不稳定的感觉，也正是这种视觉感觉，打破了视觉常规，形成了独特的空间表现特征。在建筑速写中，三点透视多用于表现高层建筑仰视图、建筑屋顶与建筑道路或园林规划与建筑的鸟瞰图，如图3-16所示。

　　三点透视的画面效果更活泼、更自由，符合人的视觉习惯。它适宜用来表现高大建筑物的仰视或俯视效果。三点透视作图相对复杂，在设计工作中只有在想取得某种特殊效果时才采用。

图3-16　苏州博物馆新馆三点透视图（作者：杜健）

3.4.3　三点透视的基本画法

　　三点透视，一般用于超高层建筑的俯瞰图或仰视图。第三个消失点，必须和画面保持垂直的主视线，必须使其和视角的二等分线保持一致。

做法一：

（1）由圆的中心 A 距120°画三条线，在圆周交点为 V_1、V_2、V_3，并定 V_1-V_2 为 H. L. 。

（2）在 A 的透视线上任取一点为 B。

（3）由 B 到 H. L. 作平行线，和 A-V_1 的交点为 CA 的透视线及 C、D 至各消失点的透视线得 E、F、G 完成透视，如图3-17所示。

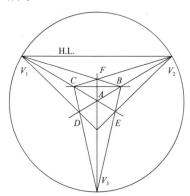

图3-17　三点透视图（1）

做法二：

（1）在 H. L. 上设 V_1-V_2，二等分处设 X。

（2）以 X 为圆心画通过 V_1、V_2 的圆弧。

（3）V_1-V_2 间任设 VC 点，画垂线和前圆弧交点为 A。

（4）取 VC-A 间的任意点 B，由 V_1、V_2 通过 B 延长的透视线和前圆弧交 Y、Z 点。

（5）V_1 和 Z，V_2 和 Y 连结线的延长在 VC-A 的垂直线上相交，为第三消失点 V_3。

（6）V_1-V_3，V_2-V_3 视为 H. L. ，反复作图可得 C、D 点。

（7）由 A 的透视线及 C、D 至各消失点的透视线得 E、F、G，完成透视，如图3-18所示。

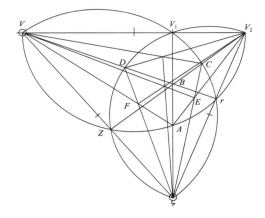

图3-18　三点透视图（2）

做法三：

在有角透视图上作正六面体，画对角线。任意倾斜的一个边角交点 X 作为基点，求出透视，如图3-19所示。

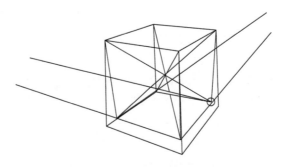

图3-19　三点透视图（3）

　　由于建筑绘画艺术要求在二度空间的平面上表现三度空间的立体感，所以将三点透视用于建筑物的仰视图，有助于突出建筑物的高耸、挺拔。

知识拓展

　　平行透视、成角透视、倾斜透视，我们在研究这三种透视时都是通过直线来描绘的，主要是用来研究人为景观的某些空间关系，因而我们又把这三种透视统称为直线形体透视。而在无限复杂的大自然中、在日常生活中除了直线形体以外，还存在大量的非直线形体，即曲线形体，我们把这种形体透视称为曲线透视。

　　曲线在一个平面内的叫作平面曲线。曲线在空间中的叫作立体曲线，如我们常见的螺旋线、螺旋楼梯等，这种曲线不常见，因而不作具体研究。平面曲线和立体曲线又可分为规则曲线和不规则曲线。规则曲线如圆、椭圆、抛物线。不规则曲线是指无规律的任意曲线，如山、水、云、小路、人物、图案花纹、梯田等，多表现为自然形态，也正因为其毫无规律可循，所以中国山水画的透视才选择散点透视法，这也是其中一个重要原因。

3.5 圆形透视

　　在绘画中，经常会遇到很多圆形、圆柱体、半圆形等具有曲线和弧面的物体。画正圆时，只要确定了半径和圆心，就可以借助圆规毫不费力地画出。但当圆变成了有透视变化的形状时，往往就会感到比较困难，这就要求我们将这些图形的透视形画得比较准确。

3.5.1 圆形透视的规律

　　圆形透视的规律如下。

　　（1）平行于画面的圆，其透视形仍为正圆形，只有近大远小的透视变化。

　　（2）垂直于画面的圆，其透视形为椭圆形。圆心在长直径的正中，长直径的两个半径必须相等，短直径的远半径比近半径略短，即远的半圆较小、近的半圆较大。

（3）平放的圆面，离视平线越远则圆面越宽，其圆面弧线的弧度越大；离视平线越近则圆面越窄，其圆面弧线的弧度越小；与视平线重合时，则圆面为一直线。

（4）直立的圆面，如果它们的轴心线消失于心点，或与视平线重合，则离视中线越远越宽，其圆面弧线的弧度越大；离视中线越近则圆面越窄，其圆面弧线的弧度越小；与视中线重合时，则圆面为一直线；如果它们的轴心线消失于距点或余点，则离距点或余点垂线越近则圆面越窄，越远则圆面越宽。

（5）在圆柱体中，圆面越宽，柱身则越缩短；圆面越窄，柱身则越接近原长。

（6）在具有同心圆的物体中，圆与圆之间的距离为两端宽，远端窄，近端宽度适中，各个圆的长轴并不互相重合。

3.5.2 圆形透视的基本画法

圆形可以由正方形将其规范出来，因为在平面几何中有一个很简单的规律，即圆周所通过的四条边线的切点，正是正方形四条边线的中点。所以只要先画出它的外切正方形的透视图，四条边线中点的透视位置就可以用对角线交点一下子求出来，根据此四点就可以有规律地画出圆的透视形。本章中画圆的透视主要从八点法和四点法两个方面进行介绍。

1."八点法"画圆

用八点法画圆的透视，基本方法是找出圆周上有规律地分布的八个点的透视，用曲线板光滑地连结而成。

"八点法"具体作图过程如下。

（1）定视平线、心点、距点。

（2）先画一圆的外切正方形，可以得到四个切点。

（3）在正方形透视图中作正方形对角线与圆相交得另外四个点，这后四个点可用两条辅助直线与对角线相交来获得。

（4）以弧线连结八个点，圆的透视就基本完成了，如图3-20所示。

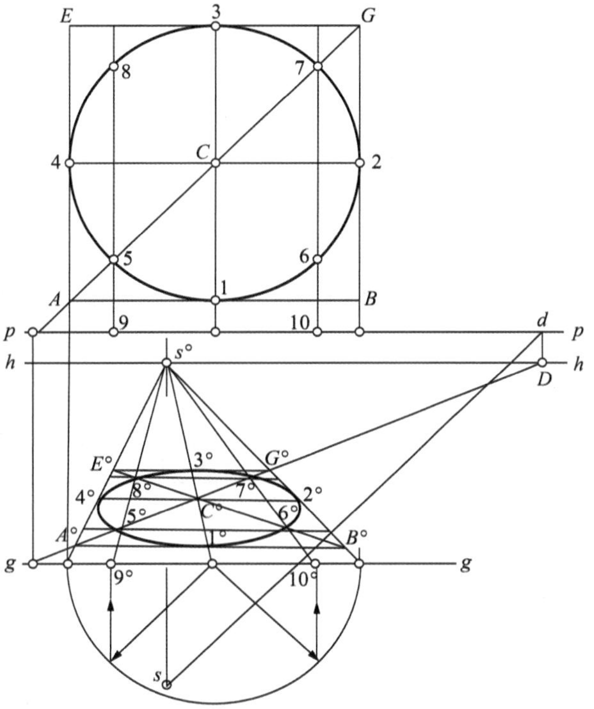

图3-20 八点法画圆的透视图

2."四点法"画圆

方法一：

将圆的直径长度放在预定的位置，从其两端、中心向心点连线，并向近处延长，再过直径中心向距点连线，和左右两条到心点的连线各相交于一点，过两交点画水平线，找到四个切点并用弧线连结，得到圆形透视，如图3-21所示。

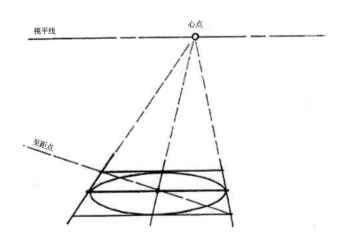

图3-21 四点法画圆的透视图（1）

方法二：

将圆的直径长度放在预定的位置，从其两端、中心向心点连线，并向近处延长，再过直径两端向距点连线，和中间到心点的消失线相交出前后两点，过两交点画水平线，找到四个切点并用弧线连结，得到圆形透视，如图3-22所示。

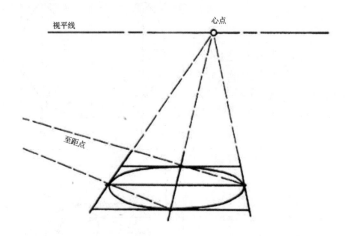

图3-22 四点法画圆的透视图（2）

本章小结

透视学是研究透视的一门自然科学，研究的是如何把人们肉眼看到的物体投影成平面图形。在造型艺术中，透视是指用线条或色彩在平面上表现立体空间的方法，是造型艺术的基础理论。通过对透视的学习，读者能够在平面的纸上绘制出具有高、宽、深三度空间感的立体建筑形象，把二维平面空间演变为具有空间感的三维形态组织结构。

思考练习

1. 什么是透视？
2. 透视的基本原理有哪些？
3. 什么是一点透视？它有哪些基本特征？
4. 什么是二点透视？它有哪些基本特征？
5. 什么是三点透视？它有哪些基本特征？

实训课堂

1. 课堂练习：在临摹和写生过程中注意掌握基本透视原理的应用。

尺寸：A4。

工具：钢笔、碳素笔、彩色笔等。

2. 要求：

每位学生临摹一张建筑速写，并根据文中所讲到的透视知识提供一份研究报告。文字分析不得少于500字。

3. 目标：通过对透视方法进行分析，培养学生识别不同类别透视方法的能力；加深学生对于各种透视方法的理解。

第4章
建筑速写的线条练习

学习要点及目标

● 熟练掌握建筑速写中线条的画法。
● 熟悉一些简单形状的画法。

本章导读

吴道子(约686—760)唐代画家,又名道玄,画史尊称吴生,阳翟(今河南禹州)人。吴道子少孤贫,初为民间画工,年轻时即有画名。曾任兖州瑕丘(今山东滋阳)县尉,不久即辞职,后流落洛阳,从事壁画创作。开元年间以善画被诏入宫廷,历任供奉、内教博士,宁王友。曾随张旭、贺知章学习书法,通过观赏公孙大娘舞剑,体会用笔之道。

吴道子是中国山水画的祖师,被后人尊称为"画圣",素有"吴带当风"的美誉,他的人物绘画更是"冠绝于世"。他擅画佛道人物,远师南朝梁张僧繇,近学张孝师,笔迹磊落,势状雄峻,生动而有立体感。他曾在长安、洛阳等地寺观作佛道宗教壁画三百余间,情状各不相同,其中尤以《地狱变相》闻名于时。他落笔或自臂起,或从足先,均能不失尺度;写佛像圆光、屋宇柱梁,或弯弓挺刃,不用圆规矩尺,一笔挥就。所绘人物,善用状如兰叶或莼菜条之线条表现衣褶,使其有飘举之势,人称"吴带当风";又喜以焦墨勾线,略加淡彩设色,又称"吴装"。

吴道子绘画无真迹传世,传至今日的《送子天王图》可能为宋代摹本,另外还流传有《宝积宾伽罗佛像》《道子墨宝》等摹本,敦煌石窟第103窟的维摩经变图,亦被认为继承了他的画风,如图4-1所示。

图4-1 吴道子《地狱变相》

案例分析

　　建筑速写应在强化线的节律感和表现力上下工夫。节律就是节奏和韵律，这是线条美的核心。节律中要有力度，要有力量之美，建筑速写线的表现目的是写形传神，所以线本身就有相当独立的形式美，它与主观情感的抒发有着一定的联系，利用线的长短、刚柔、粗细、虚实等具有节奏和韵律的线条表现出生动活泼的物象。

　　古代画论中，形容顾恺之的线似"春蚕吐丝"，魏迟僧的线似"屈铁盘丝"，而形容吴道子的线则是"吴带当风"。借一种形象美描写形式美，其实线的节奏与韵律之美是存在物象之中，又在物象之外所呈现的。建筑速写就是通过线条的辩证律动产生出节奏与韵律感。

　　线条的力度是附着在节奏与韵律之上的。在建筑速写中，节奏、韵律、力度三者是相辅相成、缺一不可的。线条力度的练就不是一朝一夕的工夫，它是随着岁月的流逝从熟练到炉火纯青境地的。唯有直接用结构、体积表现神韵的线，才是最有力的线。要提高线的质量、强化线的艺术表现力，就必须对轮廓线与交界线进行分析与研究。

4.1　速写中的线条

　　我们知道，在自然景物中，实际上并不存在什么线条，景物轮廓的形线表现是人们主观创造出来的。但在建筑速写中涉及的线条，并不是抽象、无生命、无内容的线条，而是能充分体现客观事物的形体、结构与层次变化的线条，它被赋予了表达形体和空间感觉的职能。

4.1.1　线的含义

　　点所移动的轨迹就是线。线条是组成画面的关键，线有位置、长度和方向，如图4-2和图4-3所示。点的移动方向不变时为直线；点的移动方向改变时为曲线。中国画在塑造形象时，线是表现物象最明快、最简捷的手法，是画家重要的绘画语言。所以，线比点更能表现物体的特征，比面更加灵活生动。

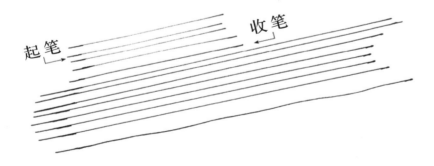

图4-2　直线

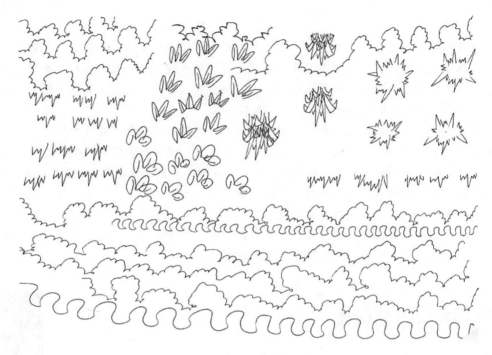

图4-3　曲线

4.1.2　线条的种类

线条可以从内容、形式和人物速写三个方面进行划分。

从内容上讲，速写的线条有硬直线和软直线、曲线、弧线等不同的画法。

从形式上讲，单线、复线、交叉线、渐变线等是速写最常用的线条，也是最精练、概括的线条。

从人物速写来讲，线条大致可分结构线、衣褶线、轮廓线与衣缝线。

4.1.3　线条的规律

线条主要是通过长短、轻重、疏密和浓淡来表现的。流畅的线条可增强画面表现力和生动性。线条与形体结构的巧妙结合，是生动表现人物的前提。以精准、缓急的线条来表现人物，有利于生动地展现人物形象，丰富画面，增加层次感，区分质感，提高艺术感染力。

用笔的果断与否，直接反映了学生对速写技法掌握的熟练程度，同时也反映出了学生的个性以及绘画修养。同时，整体的艺术风格统一，是一幅速写完整性的重要体现。这里讲的风格，主要是指速写时学生所采用的艺术手法。风格的统一，即绘画的特征要基本一致。整体的效果是一种感受，它主要通过画面的节奏、黑白灰的布局所产生的效果表现出来，这种效果是通过前后对比、阴影来获得的。因此，学生考虑画面的时候，对比与统一这两个方面必须胸中有数。

速写线条笔触美感有"三要素"。

1. 力度

力度是画笔着纸的压力。力度有轻有重、有虚有实，要看对描绘对象的具体感受而定。用力大，线条就粗、就重、就黑；用力小，线条就细、就轻、就浅。线条的压力大小并不一定标志着强弱虚实，许多对比关系要在写生过程中具体分析、具体表现。压力大小还要和行笔速度结合起来。

2. 速度

速度是行笔的快慢，决定了线条的沉稳与漂浮，行笔是要有一个向回"拖"的力对速度形成"阻力"。越是速写，就越要控制住行笔的速度，要学会体会锻炼"笔性"，使其快慢有致，富有节奏。

3. 角度

角度是线条的转折方向，也就是线的波折。一条线在转折中，除了准确地表现物象以外，自身转折也必定有一个最美最合适的转折点，线段之间也必定有一个合适的比例关系。

这三者是有机的，围绕线条的节奏、韵律、弹性、韧性等因素塑造物象，"游刃"于形体和画面之中，才能很好地完成以优美的线条转述翻译形体的任务。

4.1.4 线条的练习

线条的练习是徒手表现的基础，线是造型艺术中最重要的元素之一，看似简单，其实千变万化。通常，我们在进行线条练习时可以从直线、竖线、斜线、曲线等开始练起，要把线画出刚劲有力、刚柔结合、曲直并用的感觉。速写中的线条分为虚实、长短、曲直、粗细等对比种类。笔直立以尖端来画时，画出来的线条比较明了而坚实，铅笔斜侧起来画时，笔触及线条比较模糊而柔弱。线条的长短受手指、手腕、肘和肩膀的运动所控制。

图4-4所示为徒手画直线的方式。笔尖与线条呈90°角，随线条的变化改变手腕与笔尖的方向，手腕注意力度，不要随意转动，应是胳膊大臂带动手画线，这样画出来的线更加流畅笔直。注意，画图时手指与笔尖的距离不宜过近，手指与笔尖的距离为5～6cm最佳。徒手画图是一种不受场地限制、作图迅速而且能在一定程度上显示出工程技术人员训练水平的绘图方法。它常被用于表达新的构思、草拟设计方案、现场参观记录以及创作交流等各个方面。因此，工程技术人员应熟练掌握徒手画图的技能。徒手画图同样有一定的图面质量要求，即幅面布置、图样画法、图线、比例、尺寸标注等尽可能合理、正确、齐全，不得潦草。

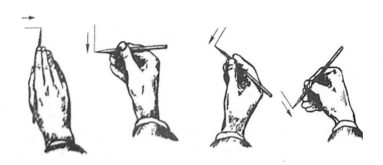

(a) 画水平线　　(b) 画垂直线　　(c) 向左画斜线　　(d) 向右画斜线

图4-4　徒手画直线

　　徒手画图最好使用钢笔，初学者也可以使用针管笔。钢笔宜用美工笔，针管笔使用起来更加方便快捷，又称草图笔。

　　徒手画图时执笔力求自然。运笔时，眼睛朝着前进的方向，不要死死地盯住笔尖。同时，手腕不要转动，而是整个手臂做运动。但在画短线时，只将手指及手腕做适当运动即可。每条图线都应一笔画成，对于超长的直线则宜分段画出。

知识拓展

　　速写的正确握笔方法有两种。一种是常用的执钢笔、铅笔写字的方法，可称为中锋正笔执笔。这种速写的执笔方法方便顺手，可随心所欲地画出线条，也可以轻轻地"蹭"出淡色调或皴笔，还可以用精致的线条交织出细密的调子。速写以这种正确握笔方法为主，画出的中锋线应作为主要的表现语言。另一种是侧锋握笔执笔，画出的线条粗阔浓重。其中速写笔的选择也与之相关，如针管笔、钢笔、鸭嘴笔等。

1. 线条的变化

　　在速写作品中，通过许多线条的联系、对比、穿插组合，从而构成一幅完整的画面。这些线条既是形象的载体，又是一种独立的审美样式，它们刚柔相济、虚实相宜、疏密得当、均衡得法，本身就给人以美的享受。

　　速写线条本身变化多端。它有长，有短；有粗，有细；有刚，有柔；有曲，有直。线条本身就可以表现内在情绪的波动，表现感情活动的痕迹。

　　线条在应用的过程中，须经过组织，提炼后才更有表现力。线经过组织后，会产生无穷的变化的意味。线的长短可以表现物体的形象，线的强弱可表现物体的材质，线的疏密可以体现物体之间的前后关系等。用笔的巧与拙，刚与柔，方与圆，浓与淡；用笔的正侧、逆顺、藏露、快慢、起落、转折、顿挫；对于线的审美趣味追求"力透纸背"等。这些都有待认真练习、体会。但也应注意，切忌不要被僵化缚住脚而代替对自然的真切体验。

　　不同的笔可以画出不同粗细的线条，如图4-5～图4-10所示。线条越是多样化，效果就越有情趣。

图4-5 细线条（作者：卢国新）

图4-6 粗线条（作者：卢国新）

图4-7 变化线条（作者：卢国新）

图4-8 组合线条（作者：卢国新）

图4-9 景观小品中的粗细变化（作者：卢国新）

图4-10 关帝庙（作者：卢国新）

案例 4-1

上海松江清真寺

清真寺，也称礼拜寺，是伊斯兰教穆斯林礼拜的地方。上海松江清真寺，又名松江真教寺、云间白鹤寺，位于上海市松江人民南路缸甏行内。该清真寺是上海地区最古老、保护得最完好，也是最具特色的伊斯兰教活动场所。

该寺建于元代，是一座融合中国宫殿式古典风格和阿拉伯建筑风格的伊斯兰教寺院。寺东侧为邦克门楼，又名宣礼塔，是为穆斯林前来礼拜用的。屋面十字脊，内壁为砖拱球顶，下辟门洞为出入道口，这是典型阿拉伯建筑。西侧为礼拜大殿，是明代建筑，古色古香，与玲珑别透的邦克门楼相对称。在布局上，松江清真寺保留了元、明时期伊斯兰教、寺、墓合一的传统风格，如图4-11所示。

在速写过程中为了用线来达气传神，采用了不同形式的线来体现。其外轮廓用了较长的直线，图案用了较多的细圆线等，在竖线的基础上用了一些横线以求稳定。这幅速写描写的是伊斯兰教堂的外景，环境氛围与建筑物相互交融，其神韵油然而生。

在建筑速写中，由于所描绘物象的不同、用线不同，所表现各种物象的形体与质感也就不同，寥寥数笔，境大意深是建筑速写的独到之处。速写表现形式比较简单而内在东西很丰富，速写描绘景物可以不受光线限制，可以不求自然主义的色彩涂抹，大胆取舍，形神俱在此中。

图4-11　上海松江清真寺

案例分析

　　线在中国绘画中得到了充分的发展，形成了一整套的用线方法，也形成了线的节奏、韵律、粗细、疏密、穿插，变化统一的形式规律。用线造型构成了建筑速写的特点。它抛开了光影的存在，而着重于本质、结构、精神情感与意象的描述，在国画里线一直被看作绘画的"骨"。所谓骨，就是造型的骨架。骨者立之也。人无骨则无人之立，车无毂则无车之体更无车之行。这充分说明了线在绘画里的重要性。

　　同样，在建筑速写绘画中，线条具有重要的作用和意义。线条是建筑速写造型要素中最基本的形式，如何运用线条来表现客观事物就显得非常关键。在自然景物中，实际上不存在什么线条，景物轮廓的形线表现是人们主观创造出来的。但在建筑速写中涉及的线条，并不是抽象、无生命、无内容的线条，而是能充分体现客观景物的形体、结构与精神的线条，它被赋予表达形体和空间感觉的职能。

2. 排线

　　排线是建筑速写的基础课程。表现线与线之间的穿插和呼应关系，是使画面富有节奏感的重要因素。同时，线的穿插呼应关系和透视关系对表现物象的空间感、层次感起着重要的作用。不同方向线的组织穿插，给人的空间感是不一样的，它可以直接表现物体的透视方向。但速写又不等同于线描，如果每一处的刻画都像线描一样注意衣纹、线与线之间的穿插呼应，就失去了速写富有节奏、流畅的韵味。

　　一般来说，铅笔排线是靠用力的轻重来反映明暗层次，钢笔排线则以线条的疏密来反映明暗层次。以直线或曲线做一些规律性的排列就形成了一个灰面，灰面的深浅与线条的密度有直接关系。以这种大面积的排线方式组成的画面富有装饰感。

　　通常，排列曲线比排列直线难度要大一些，较短的曲线以手腕运动画出，较长的曲线则以手臂运动画出。画较长的曲线要做到胸有成竹，落笔之前就要看准笔画的结束点才能用较快的速度画出流畅、准确的曲线，如图4-12所示。

图4-12　排列曲线的物体速写图（作者：卢国新）

4.2 直线、三角形、四边形

我们在学习速写时要求学生先学习画线，然后再画几何图形。在空间中画几何形体基本凭感觉，而且还要注意线的美感。有些初学者开始练习画线时非常小心，就怕线画不直，徒手表现所要求的"直"，只是感觉大体上"直"，平直有力就可以了，徒手绘画就是不靠直尺或角尺引导绘图笔，而是直接在纸上画出简单的线条，如果像用直尺画得那样机械、呆板，也就没有意义了。在绘画时，手腕稳定可靠地放在绘图纸上，只有手和前臂——首先缓慢地，然后速度均匀地——在绘图纸上移动。

初学者练习画单独的直线时，先要确定线应该从哪儿开始，到哪儿结束。可以在空白的纸上随意画两个点，然后连线，在练习线条的同时还可以练习控笔能力，方便画图时更好地表达形体。绘画时应该一口气自始至终都平心静气地画到底，而不要断开。如果画长线不得不从中间断开时，新线不要在原来的线上开始，应空出一点缝隙，顺应之前的线条角度继续画下去。在预先设定的长度上均匀画线很难，画新线条时要考虑是否符合设定的线宽及如何握笔。只有掌握了笔的性能，才可以开始画线。

💡 小贴士

将握笔画线的手的小手指作为"平行止挡"，绘出平行于绘图板或桌边的线条，如图4-13所示。画线间距甚至可以扩大到距导棱10cm～15cm处。

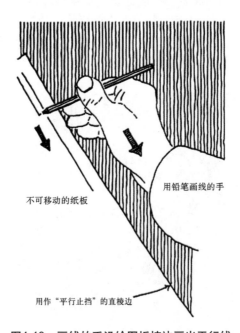

不可移动的纸板

用铅笔画线的手

用作"平行止挡"的直棱边

图4-13　画线的手沿绘图板棱边画出平行线

绘图笔的宽度绝对不要听其自然，在开始绘画之前，应仔细地试用每一支绘图笔和草图笔，再根据画面的内容决定哪种线条宽度的笔适合作图。

用铅笔画草图时，为了绘制宽度均匀的长线条，画线时要缓慢地转动铅笔。当重新开始绘制较短线条时，每一次都要转动笔，这样可使笔尖在较长的时间内保持尖锐。

4.3 弧线、圆、螺线

在开始绘画时，应先活动活动手和臂，做放松练习。少许练习之后，笔触、手和臂的姿势就会变得更加沉着稳健了。看到自己的第一次绘画成果，定会带来很多愉快。此外，把练习板固定在墙上或桌上，靠上身摆动来运笔，开始画大圆弧，如图4-16所示。作为绘画练习纸，也可以使用旧裱糊纸的背面、包装纸或类似的材料，练习纸的规格约为50cm×50cm。

首先，在紧靠绘图纸的上方，用笔悬肘挥动几次，如果已认清方向，就用细线条做画，应当流畅地运笔泛形。如果一开始试验工具用不好，请铺上一张新纸，要避免擦刮画线、修复或做任何补充，这样做不妥当。

应避免因手臂抖动而撑在图纸上，所有的动作必须充满激情、富有节奏感，且一开始就要学会，线条不要拉得太慢。最初的一些椭圆和圆可能还不够完美，千万不要气馁，更不要丧失学习徒手绘画的决心，这样多次换上新纸，一直画到运笔过程和所画线条更有把握。不过，要知道，在摆脱握笔的紧张状态之前，几乎每位绘画者都曾因终于克服了这种困难而深感欣慰。

其间，如果偶尔从自己的座位上站起来，离开一段距离，以审视的目光打量一下绘画成果，就会发现：在用纸、布局是否鲜明生动、有无立体感等方面，您现在已有很大的改进（在以后的过程中进步会更明显）。

倘若有可能，应站到壁板前，伸出手臂，以大动作在下一页纸上给出指定的或自己想出的曲线，同时还要敢于面对各种各样的线。线条基本上不应相互交错或上下重叠。如果有必要接上一条新线，可以在壁板上隔开旧线末端1厘米处开始画，在粗绘图纸上做这种初始练习时，可以隔开约1/2cm。

在板上或墙纸上练习之后，自然地站到桌前，挥动臂和手，在水平放置的纸上画几个同样的弧线。重要的是通过身体的摆动来促进手的动作，在墙上和桌上练习几次之后，要努力做到越来越精确。

画纸上的线条决不可画得太多，最好再铺上一张新纸。如图4-14～图4-20所示是各个图形的线条图。

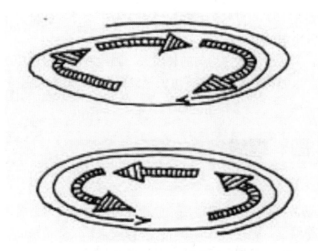

图4-14　初始练习弧线

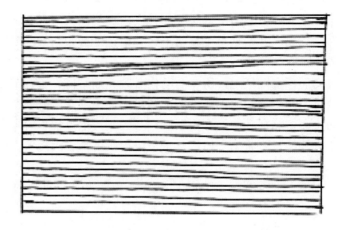

图4-15　线条

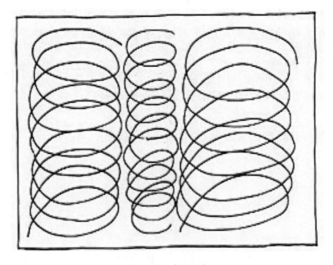

图4-16　螺旋线

图4-17　回线

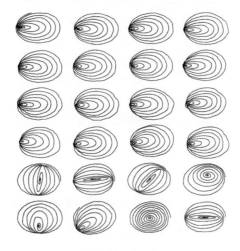

图4-18　椭圆

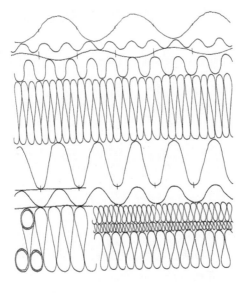

图4-19　缠线

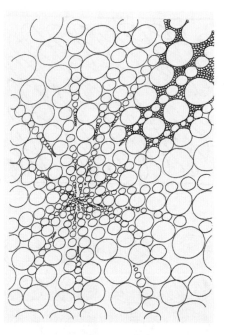

图4-20　圆

　　在建筑速写绘画过程中，要大胆地尝试用各种线条来表现对象，体会不同线条再现对象的感觉，充分利用线条的疏密、轻重、节奏来把握画面的整体效果，加强线条的灵活性和多样性，使画面产生热情和美感。

　　1. 速写中的线条有哪些种类？
　　2. 线条是怎样变化的？

　　实训课题：基本线条的绘画方法。
　　1. 内容：练习不同线条的画法。①包括直线、三角、弧线、圆及螺旋；②每种线条有两种以上的组合方式，如直线有横有竖，圆有正圆椭圆。
　　2. 要求：每一种几何图形至少画一张纸，以充分熟悉各种线条的画法。

第5章
建筑速写的各种形体

● 了解建筑速写中的各种形状。
● 尝试画一些简单的建筑，描绘其外形。

本章导读

建筑大师弗兰克·盖里速写

弗兰克·盖里（Frank Owen Gehry）被公认为是世界上第一个解构主义的建筑设计家，号称解构主义建筑之父。

1962年，盖里成立了盖里事务所，他开始逐步把解构主义的哲学观点融入自己的建筑设计作品中。他的作品反映出对现代主义的总体性的怀疑、对于整体性的否定、对于部件个体的兴趣。他设计的德国维特拉国际家具展览中心、巴黎的"美国中心"、洛杉矶的迪士尼音乐中心，以及巴塞罗那的奥林匹克村都具有鲜明的解构主义特征。盖里的设计把完整的现代主义、结构主义建筑整体打破，然后重新组合，形成一种所谓"完整"的空间和形态。他的作品具有鲜明的个人特征。他重视结构的基本部件，认为基本部件本身就具有表现的特征，完整性不在于建筑本身总体风格的统一，而在于部件个体的充分表达，虽然他的作品基本上都有破碎的总体形式特征，但是这种破碎本身就是一种新的形式，是他对于空间本身的重视，使他的建筑摆脱了现代主义、国际主义建筑设计的所谓总体性功能性细节而具有更加丰富的形式感。如果说保罗·兰德把解构主义的方法运用到极致，那么盖里的设计则充分体现了解构主义的灵魂。

盖里设计的很多作品都是抛弃功能的，只是搭积木的游戏，只是几何体的任意拼凑，其结构方式仅两个字——破碎。盖里设计的柱，裸露在建筑外部，毫无目的，这是形式追求幻想的最典型的例子。他的建筑给人三种感觉：漫不经心的随心所欲感，不顾及功能任意追求形式的美感，以及令人们的视觉支离破碎感。

在盖里的作品中，材质、色彩、体量等建筑语汇的运用，已经达到了一种彻底自由和随心所欲的地步。他善于在现实世界中挖掘出潜在形式，重新创造并转化为现实，与怀念过去的后现代主义或对未来充满空想色彩的高技派相比，盖里设计真实的建筑，而非纸上谈兵。他的方案大都实现了，因为他采用了一种十分现实的做法，直截了当地采取地方构造和细部，而不是故意压制或遮掩这些地方性关联。他的作品外观轻质、活泼透明，各组成部分、材质、形体强调差异，极为复杂又有较高欣赏水平的片断建筑，反典型与惯例，强调的个性需要逐渐适应，如图5-1～图5-4所示。

图5-1　建筑大师弗兰克•盖里速写——荷兰国际办公大楼

图5-2　荷兰国际办公大楼实体

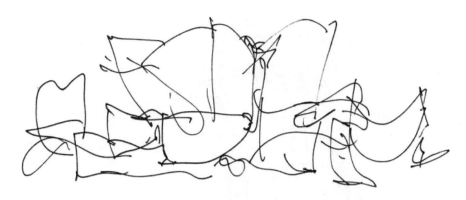

图5-3　建筑大师弗兰克•盖里速写——迪士尼音乐厅

图5-4　迪士尼音乐厅实体

案例分析

美国建筑师弗兰克•盖里是享誉世界的建筑大师，其创作的众多作品由于形态特征突出、时代气息浓郁、艺术风格独特而举世闻名。人们也许在其作品光鲜的外表之下会忽略了技术发展为建筑带来的独特光芒。其实，正是技术的发展才能够支撑弗兰克•盖里作品的艺术形态达到登峰造极的境界，确切地说是现代技术——数字技术的发展才能够使弗兰克•盖里的种种奇思妙想得以实现。

盖里的作品相当独特，极具个性，他的大部分作品中很少掺杂社会化和意识形态的东西。他通常使用多角平面、倾斜的结构、倒转的形式以及多种物质形式并将视觉效应运用到图样中去。盖里使用断裂的几何图形以打破传统习俗，对他而言，断裂意味着探索一种不明确的社会秩序。在许多实例中，盖里将形式脱离于功能，所建立的不是一种整体的建筑结构，而是一种成功的想法和抽象的城市结构。在很多时候，他把建筑工作当成雕刻来对待，这种三维结构图通过集中处理就拥有了多种形式。

5.1 构建建筑物外形

5.1.1 外形的构成

几何状的外形是速写中构成物体的框架。它是考验一个手绘者造型能力与基本功的基础，用简单的线条勾勒出外形，然后增加细部的描绘使其更加立体真实，使其前后关系更加明确，如图5-5～图5-8所示。

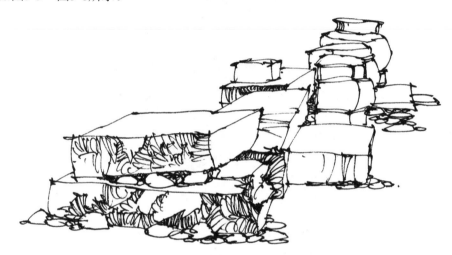

图5-5　建筑外景物体与细部的刻画（1）（作者：卢国新）

图5-6　建筑外景物体与细部的刻画（2）（作者：卢国新）

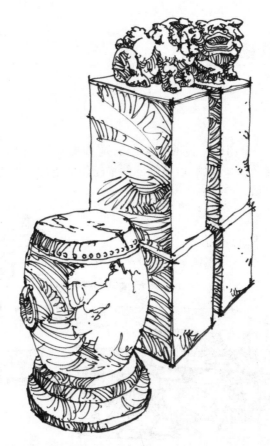

图5-7 建筑外景物体与细部的刻画（3）（作者：卢国新）

图5-8 建筑外观与细部结合的速写示例（作者：卢国新）

　　奥地利"蓝天组"建筑事务所于1968年创建于维也纳,其创建者为沃尔夫•普瑞克斯、海默特•斯维茨斯基、雷纳•霍尔兹等多位设计师。"蓝天组"这个标新立异又充满乌托邦幻想的名字,是这三个年轻人挑战传统建筑秩序的宣言。他们似乎是故意要打乱现代建筑依靠笛卡儿坐标与欧几里得几何学所建立起的规则,作品中满是"摇滚"的离经叛道和对自由无边界的狂热追求,被称为建筑界的披头士和滚石。

　　德国宝马汽车公司客户接待中心位于BMW慕尼黑总部大厦和奥林匹克中心的马路对面,和宝马全球总部大厦紧挨着,这个展览馆于2009年落成,是世界上展示宝马最新技术、最新产品的最大展览馆,如图5-9和图5-10所示。

　　这个展览馆是一个有着迷人、梦幻气息的建筑,16000平方米面积的云状屋顶从双锥造型中蔓延所形成,其中该双锥造型有12条铰接柱,有着漂浮流动感。在它的基本系统里,它由一个上部和较低的梁板构成一个基本的网格,网距5米,倾斜的结构穿插连结了两层的大梁,以此方式创造了一个特别的支撑结构。整个建筑呈现开放的设计,通透的玻璃让阳光洒落在馆内。

　　双锥造型将整个建筑突出,充满了力量感与活泼感。"旋风"由玻璃和钢铁制成,向上蜿蜒,延伸至悬浮的自由的屋顶,如同云朵般飘逸,它由两个梁、楼板以及屋顶的主要支撑点的结构变形而来。

　　建筑的概念结合宝马汽车的形式和功能,展现出一个极其高雅特别的钢立面。这个展览馆的室内与其建筑外观一样名副其实,令人印象深刻,即使在特别小的细节也能传达给观者独特的设计理念。其独特的未来主义建筑和丰富的展览内容和活动让人兴奋不已。

图5-9　德国宝马汽车公司客户接待中心(1)

图5-10　德国宝马汽车公司客户接待中心（2）

案例分析

在"蓝天组"的建筑里，很少有盖里那种略带游戏的设计手法，变化丰富的空间仍然服从于结构的规则和逻辑的合理性。只是，视觉冲突在"蓝天组"那里被夸张到一个令人惊讶的程度。

"蓝天组"的设计注重空间，强调建筑在城市中的位置与变化是"蓝天组"设计的一个出发点。比如，作为混杂的城市包含了从传统到现代的过渡，也包含了从单一到复杂的共存，在这种过程中，建筑所带来的新的空间品质和集合给了人们一种新的体验，而城市的公共空间从根本上来说就是一种不断变化的过程，对空间的全新体验和视觉刺激成为"蓝天组"设计的最终目的。这些有关变化的理论在"蓝天组"的作品里得到了很好的阐释。

建筑是由具体的物质构成的，物质在自然界中并无任何固定的特殊的形状，我们把物质的形态归结为圆形、方形、三角形其实是一种近似的理想的结果，几何学不过是在对自然的表达和模仿以及数学物理需要的基础上发展起来的一种约束。

5.1.2　复杂形体

对于建筑速写，平时要多动笔，涉及的范围也应更广泛一些，对于与建筑相关的物体造型也应熟练掌握，这些造型对于建筑造型设计有一定的启发作用，如图5-11所示。

图5-11　建筑配景（作者：卢国新）

如图5-12和图5-13所示，生活中各种流线造型的物体都是我们练习曲线最好的道具。

图5-12　流线型车速写图（作者：卢国新）

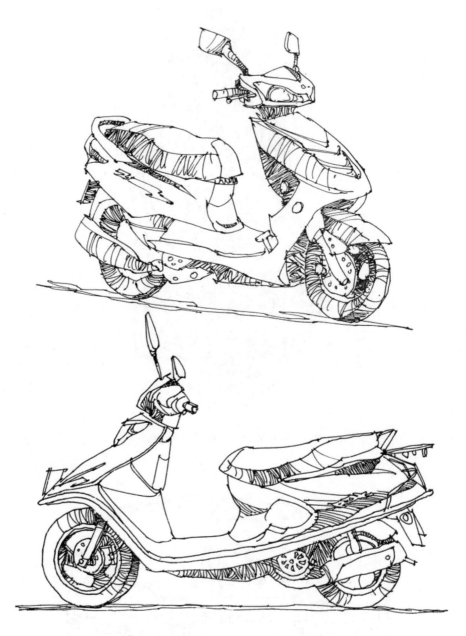

图5-13　摩托车速写图（作者：卢国新）

💡小贴士

　　对建筑速写的认识和掌握，我们需要一定的训练过程，不可能一蹴而就。因此，作为初学者，要经常进行建筑速写练习，只有在不断写生、研究与总结的过程中，才能使眼、心、手有机地统一起来，体现出所知所感的意境来。图5-14和图5-15为室外写生图。

图5-14　室外场景写生速写图（1）（作者：卢国新）

图5-15　室外场景写生速写图（2）（作者：卢国新）

5.2 画静物

　　描绘各种形体组合对于建筑造型设计具有更直接的帮助。很多建筑造型都是由一些几何形体组合而成的。对于这些由各种几何形体组合而成的建筑造型，只要我们平时注意多画一些石膏几何模型和静物，再来描绘建筑物就会感到轻松许多。

　　我们身边的静物随处可见、随手可得，它们是画建筑速写非常好的题材。静物表现要求我们分析各种不同静物的造型及其特点，这将会使静物画更加动人。

　　在静物速写时，我们没有必要刻意去摆放一组完整的景物，相关的或不相关的景物都可以描绘在画面当中，主要目的就是利用景物这个载体，通过线条组织及面的处理等手法来表现，以此来提高我们的造型能力，如图5-16和图5-17所示。

图5-16　配景速写（作者：卢国新）

图5-17　花卉（钢笔写生）（作者：卢国新）

💡 小贴士

　　圆形的线条在建筑速写中是最难画的一种线条，它要求线条流畅、自然，假如要画一组同心圆时，线条运笔要特别谨慎，最好的办法是先用草图笔定好两到三个点，然后再用流畅的曲线连结。

5.3　人物的描绘

　　石膏像和人物的描绘要比其他造型难一些，尤其是人物速写，不仅要考虑到造型的准确，还要兼顾人物的精神状态，只有神形兼备才称得上是一张好的人物速写，如图5-18和图5-19所示。

图5-18　人物速写（1）（作者：卢国新）　　　图5-19　人物速写（2）（作者：卢国新）

绘画技能和艺术素质的培养需要建筑设计师长期坚持不懈地学习和训练，需要对客观事物进行不断的认识和体验，需要在艺术领域进行多方面的探索。这是提高设计人员自身素质的重要因素，也是建筑师成功的重要途径。

1. "临摹"

初学者面对物象时往往会觉得无从下手，临摹可以快速入门。通过临摹，一方面可以感受速写基本样式，学习他人的表现方法，为今后应用储备知识；另一方面，临摹本身也可以提高造型能力，特别是手感、笔感，多临多画就能生成。临摹应从规范严谨的作品开始，切忌油滑，以免形成不良习气。不妨从中国画白描作品中汲取营养，学习白描线与形契合用线之道，体会粗细曲直的线形变化以及疏密虚实的节奏控制。临摹一段时间后就要尝试写生，临摹和写生相结合，带着问题去临摹，临摹会更有针对性和有效性。

2. 结构入手

"感觉到了的东西，我们不能立刻理解它，只有理解了的东西才能更深刻地感觉它。"人物速写要求结构和比例准确，这种准确是建立在对形体结构理解的基础上的。因此，速写教学首先要让学生掌握必要的医用解剖知识，了解人体的基本结构，理解人体骨骼和肌肉的生长规律及其运动规律。教学过程中，可以借助医用解剖书籍和人体骨骼模型进行一些医用解剖知识传授，还可以有针对性地进行写生和解剖对应训练。结构的理解和运用要贯穿建筑速写教学全过程。

3. 线条为主

线条是速写的主要表现形式。线条概括、直接，能有效避免色素、明暗的干扰，抓住对象的形体本质。人物速写训练要求学生学会运用线条的长短、粗细、曲直、松紧、滑涩、疏密变化表现具体人物，使画面产生诸多视觉美感。线条的特质与形体结构的巧妙结合，是速写臻于生动的重要条件。速写训练中，要注意线与线之间的穿插关系，"结构线"要准确，要特别注意关节部位的转折扭动关系，紧贴皮肤处要画得实一些。"衣纹线"要体现内在结构，并注意疏密对比。以线为主，并不排除线面结合的速写表现形式，在写生中，适当地辅以明暗，有利于增加层次感和体积感，但要注意明暗不能掩盖线条，否则容易空洞，流于表面。

4. 快慢结合

先慢后快，快慢结合是速写训练应该遵循的原则。速写贵在快速，最好一气呵成，但初学者很难做到。速度只能在速写实践中逐步练就。初学速写，如果只讲速度，往往会浮于表面，难以深入。慢写是素描和速写的过渡环节，慢写的作画方式与素描基本相同，所不同的是，慢写的起稿更加直接，可以忽略对象的体、面和光、影，直接用线勾勒出形体，具有一定的速写特性。慢写时间相对较长，一般半小时到一小时，有推敲的过程和时间，便于研究，能解决速写中遇到的具体问题。速写训练可以与慢写训练交替进行。

建筑速写经常会涉及人物配景、人物雕塑等，这就需要建筑设计师必须有扎实的造型基础才能够得心应手地描绘比较复杂的建筑场景，如图5-20所示。

图5-20　建筑场景速写（作者：卢国新）

图5-21所示描绘的是建筑场景里比较复杂的建筑配景，描绘这种场景除了考验作者的造型能力和线条能力外，还需要作者掌握透视关系和虚实变化。

图5-21 建筑场景雕塑速写（作者：卢国新）

本章小结

建筑速写的学习与掌握，对于建筑设计师来说有着十分重要的意义。它不仅可以作为收集资料、造型训练和形象思维的一种手段，而且还为建筑设计师推敲和完善自己的创作和设计方案提供了一条重要的途径。

思考练习

1．如何表现静物？

2．在进行建筑物细部描绘时应该注意什么问题？遵循什么原则能更好地协调各部分的关系？

实训课堂

实训课题：分析建筑物形状特点。

1．内容：分析汇总不同种类、不同形状的建筑物，根据各个建筑物的形状特点进行分类。①每位学生根据实训项目提供一份报告；②报告中至少有3～4个不同形状的建筑物作为案例进行研究。

2．要求：分析报告要求结构合理、层次分明、语言通顺、有理有据，文字分析不得少于500字。

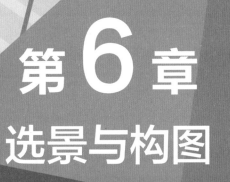

第6章
选景与构图

学习要点及目标

- 了解选景对于建筑速写的重要性。
- 掌握构图的含义及原理。

本章导读

　　《蒙娜丽莎》是一幅享有盛誉的肖像画杰作，如图6-1所示。它代表达·芬奇的最高艺术成就，成功地塑造了资本主义上升时期一位城市有产阶级的妇女形象。

　　画中的主人公是当时的新贵乔孔多的年轻的妻子蒙娜丽莎，这幅画历时四年完成。那时，蒙娜丽莎的幼子刚刚夭折，她一直处于哀痛之中，闷闷不乐。为了让女主人高兴起来，达·芬奇在作画时请来音乐家和喜剧演员，想尽办法让蒙娜丽莎高兴起来。

　　达·芬奇在人文主义思想的影响下，着力表现人的感情。画中人物坐姿优雅，笑容微妙，背景山水幽深茫茫，淋漓尽致地发挥了画家那奇特的烟雾状"无界渐变着色法"般的笔法。画家力图使人物的丰富内心感情和美丽的外形达到巧妙的结合，对于人像面容中眼角唇边等表露感情的关键部位，也特别着重掌握精确与含蓄的辩证关系，从而使蒙娜丽莎的微笑具有一种神秘莫测的千古奇韵，那如梦似的妩媚微笑，被不少美术史家称为"神秘的微笑"。

　　在构图上，达·芬奇改变了以往画肖像画时采用侧面半身或截至胸部的习惯，代之以正面的胸像构图，透视点略微上升，使构图呈金字塔形，蒙娜丽莎就显得更加端庄、稳重了。这幅画完成后，端庄美丽的蒙娜丽莎脸上那神秘的微笑使无数人为之倾倒。而随后人们即以"蒙娜丽莎的微笑"喻指迷人的微笑或神秘莫测的微笑。

图6-1　达·芬奇《蒙娜丽莎》

案例分析

《蒙娜丽莎》创作于16世纪初文艺复兴时期，当时的社会基本价值观在一定程度上摆脱了中世纪教会和宗教思想的控制，强调人本主义的思想。当时的肖像画流行正面或侧面为构图标准，而达•芬奇却取3/4面来构图，这就是他理想的构图理念。而事实也证明了他的方法在那个时代是一种创新，使得他流芳百世。

构图显示了作品内部结构与外部结构的一致性，反映了作者思想感情与艺术表现形式的统一性，是艺术家人格魅力和艺术水准的直接体现，也往往是艺术作品思想美和形式美之所在。为此，构图能力在美术创作中，构图分析在美术欣赏中，占有相当重要的地位。

6.1 选景

画景物时，显然不能照搬照抄，首先，我们应该对景物进行总体观察，然后根据自己对景物总体的印象和感受选择构思，舍弃那些琐碎的与总体构思无关的细部，选好自己要表达的主体，构图定好框架，继而强化景物的特征。

6.1.1 观察与选景

建筑写生首先要学会观察，观察要仔细，不要急于坐下来就画，而应从不同的角度和同一角度的不同距离进行分析、比较。通过观察分析建筑主体及周边配景的组合关系是否适合表现，适合用什么构图来表现，是否对场景中的元素有取舍，辨别建筑形体穿插中微妙的变化，体会建筑主体的明暗关系，进而想好如何运用线条去表现。如图6-2和图6-3所示是不同角度的泰姬陵。

图6-2 泰姬陵远景图

图6-3　泰姬陵正面图

6.1.2　选景的把握

构图取景是画建筑速写时必须掌握的基本功,当我们面对现实场景写生时,首先遇到的是选择景物的哪一部分,然后怎样安排构图,使画面能充分有力地体现作者的意图,产生艺术感染力,这就是构图选景的主要内容。

一幅建筑速写是否成功,在很大程度上取决于对景物的选取,选择一个适合表达的场景,其中某些元素能有效地激发创作者的灵感,在视觉上感到舒适愉快,提升创作欲望。选择所表现的场景在画面中形成主次关系,让建筑主体或建筑某一局部在画面中占有很重要的位置,或者占据画面的大部分空间,以便突出主题。处理好画面中主体与环境配置的层次关系,通常把建筑主体放在画面的近景,环境及配景安排在画面的中景或者远景,拉开画面远近关系、虚实关系和空间关系,但也不是一成不变的,在写生时要灵活掌握,不同的选景要有不同的处理手法。

选景时要注意以下几点。

1. 画面元素的取舍

场景及建筑物的速写,其取景范围较之个别的描绘对象要开阔。面对一个场景、一个环境,不可能巨细无遗地将所有见到的东西都画出来,这就需要读者通过直观感受和审美判断,从立意和画面组织的需要,对所见景物进行主观的裁剪取舍。以一个主要景物为画面的主要表现对象,再取舍陪衬物体,采取移景、借景、裁剪,有主有次,弱化不必要的元素,重点刻画画面中的主体,将画面组合得较为完整,重点突出,配景协调。

2. 画面主题的表达

说话写文章要有条理，否则语无伦次，大家都听不懂、看不懂，画画也一样，要有主次和条理，否则画面就会杂乱无章。因此，我们在画建筑速写时自始至终要明确画面中什么是主体部分，什么是衬托物。只有这样才能绘制一幅完美的风景作品。

3. 画面的虚实关系

从总体来讲，画面的虚实处理是根据画面中景物的主次确定的，主体近景应画得实，中远景及次要的景物则应画得虚。这样，通过虚实处理能使画面层次丰富，当然，虚实是相对的，应做到虚中有实、实中有虚，如图6-4所示，主要的建筑物重点刻画，细节和墙体外观的材质以及配景都要加以处理，而远处的建筑物则弱处理，尽可能一笔带过。

图6-4　建筑物远近的虚实处理（作者：卢国新）

6.2 构图概述

绘画也好，写文章也好，都要有章法、布局。画家作画时不仅要有题材，而且要能够通过画向观众传递想法和美感。从构思到画面，遇到的第一关即是构图。

6.2.1 构图的含义

所谓构图，即绘画时根据题材和主题思想的要求，把要表现的形象适当地组织起来，构成一幅协调的、完整的画面称为构图。

在进行建筑速写时，将对象逐一安排在预想的框架中，其中可以根据画面的需要进行单个即兴调整。场景速写往往是先将对象主次关系画出，再根据构图的要求或安排细节进行详细绘制，以达到构图丰满、节奏感强烈有趣的目的。

构图包含三个方面的内容。

（1）表达什么，或有主题和思想，或有一种美感的效果，总之在构图时要有一个目的。

（2）各部分之间的关系，如人和物之间的理性关系，人和物之间的位置关系，有各种因素之间的空间关系。

（3）注意艺术的整体意识，这个整体感是通过个别的、各个局部的描绘来完成的。

知识拓展

黄金分割最早见于古希腊和古埃及。黄金分割又称黄金率、中外比，即把一根线段分为长短不等的a、b两段，使短线段b对长线段a的比，即b/a，其比值为0.6180339……这种比例在造型上比较悦目，因此，0.618又被称为黄金分割率。

黄金分割长方形的本身是由一个正方形和一个黄金分割的长方形组成，你可以将这两个基本形状进行无限地分割。由于它自身的比例能对人的视觉产生适度的刺激，它的长短比例正好符合人的视觉习惯，因此使人感到悦目。黄金分割被广泛地应用于建筑、设计、绘画等各个方面。

当我们选好景后准备画时，要意在笔先，先不要把具体形象放入画面，应该抛开其表象特征，而是把主体及环境看作点、线、面、疏密、明暗、体块组合关系等的结合体，研究如何组合得更美，取舍得更合理，画面更均衡，使其符合视觉规律，提高构图的审美性。建筑主体不宜放在画面中心，过于居中会使画面显得呆板，结合之前的透视内容，尤其是一点透视，应尽量避免主体物在正中心，可以根据要描绘的物体有选择性地往左或右一点，也不能太偏，太偏感觉主题不突出，最好放在画面的"黄金分割点"，如图6-5所示。把画面的横竖各分为三份，连线的四个交点称为"黄金分割点"。"黄金分割点"最容易成为画面的趣味中心。

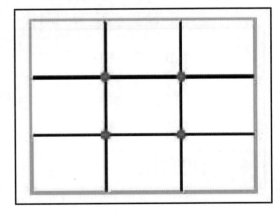

图6-5 黄金分割法构图

如图6-6所示是一幅景观手绘图，它的消失点也就是视点，正好在黄金分割点上。

　　这幅手绘图拥有一定的美学概念，如果消失点取于正中间，相信画面效果不会这么好看，所以运用了黄金分割点的方法，将视点取在黄金分割点上，近处的主体物安置在画面的中间偏右，使得整幅手绘图有主有次，具有一定的美感，并且构图也合理。

图6-6　景观手绘图（作者：卢国新）

知识拓展

　　中国画的构图一般不遵循西洋画的黄金分割律，而是或作长卷，或作立轴，长宽比例是"失调"的。但它能够很好地表现特殊的意境和画者的主观情趣。同时，在透视的方法上，中国画与西洋画也是不一样的。透视是绘画的术语，就是在作画的时候，把一切物体正确地在平面上表现出来，使之有远近高低的空间感和立体感，这种方法就叫透视。因透视的现象是近大远小，所以也常常称作"远近法"。西洋画一般是用焦点透视，这就像照相一样，固定在一个立脚点，受到空间的局限，摄入镜头的就如实照下来，否则就照不下来。中国画就不一定固定在一个立脚点上作画，也不受固定视域的局限，它可以根据画者的感受和需要，使立脚点移动作画，把见得到的和见不到的景物统统摄入自己的画面。这种透视的方法，叫作散点透视或多点透视。

《清明上河图》

　　《清明上河图》长24.8cm、宽528.7cm，绢本，墨笔稍着色，无款，据卷后金代张著题跋，知为张择端所作，现藏于北京故宫博物院，如图6-7所示。这幅画描绘的是汴京清明时节的繁荣景象，是汴京当年繁荣的见证，也是北宋时期城市经济情况的写照，栩栩如生地描绘了北宋都城汴京的日常社会生活与习俗风情。

　　《清明上河图》的中心是由一座虹形大桥和桥头大街的街面组成。粗粗一看，人头攒动，杂乱无章；细细一瞧，这些人是不同行业的人，从事着各种活动。大桥西侧有一些摊贩和许多游客。货摊上摆有刀、剪、杂货。有卖茶水的，有看相算命的。许多游客凭着桥侧的栏杆，或指指点点，或在观看河中往来的船只。大桥中间的人行道上，是一条熙熙攘攘的人流；有坐轿的，有骑马的，有挑担的，有赶毛驴运货的，有推独轮车的……大桥南面和大街相连。街道两边是茶楼、酒馆、当铺、作坊。街道两旁的空地上还有不少张着大伞的小商贩。街道向东西两边延伸，一直延伸到城外较宁静的郊区，可是街上还是行人不断：有挑担赶路的，有驾牛车送货的，有赶着毛驴拉货车的，有驻足观赏汴河景色的。

　　通过这幅画，我们可以了解北宋的城市面貌和当时各阶层人民的生活。总之，《清明上河图》具有极高的史料价值。

图6-7　《清明上河图》局部

案例分析

《清明上河图》在表现手法上，以长卷形式，采用散点透视的构图法，将繁杂的景物纳入统一而富于变化的画面中，画中人物500多，有士、农、商、医、卜、僧、道、吏、妇女、儿童、篙师、缆夫等，衣着不同，神情各异，其间穿插各种活动，注重戏剧性，构图疏密有致，注重节奏感和韵律的变化，笔墨章法都很巧妙。

其次，作品结构严谨，繁而不乱，层次分明。作品在如此丰富地表现内容中能做到主体突出且首尾呼应。画中人物、景象、情节等安排都合情合理，疏密繁简、动静聚散等关系处理得恰到好处，繁而不杂，这也充分体现了作者对社会生活的深入观察和高超的艺术表现能力。

另外，在技法上能做到大手笔与细微刻画相结合。作者善于选择那些既具有形象性和诗情画意，又具有本质特征的事物和情节加以表现。细致入微地观察并刻画每一位人物、每一件道具。人物各有身份，各具神态；建筑结构描绘严谨；车马船只一丝不苟，甚至船上的物件、钉铆方式等都交代得一清二楚，让人观后不禁惊叹。

6.2.2　构图的目的

构图的目的就是把构思中典型化了的建筑或景物加以强调、突出，从而舍弃那些一般的、表面的、烦琐的、次要的东西，并恰当地选择环境，安排配景，在有限的画面上对所表现的形象进行组织安排，在画面中获得最佳布局的方法，形成画面的特定结构，实现作者的表现意图，从而使作品比现实生活更高、更强烈、更完善、更集中、更典型、更理想、更具有艺术表现力，如图6-8所示。

图6-8　满构图（作者：卢国新）

6.2.3　构图的原理

　　当我们观察生活中的具体场景的时候，应该撇开它们的一般特征，而把它们看作形态、线条、质地、明暗、颜色和立体物的结合体，运用各种造型手段，在画面上生动、鲜明地表现出被画物体的形状、动感、立体感和空间关系，使之符合人们的视觉规律，也就是说，构图要具有审美性。所以构图在体现构思、表现主题的时候，为了赋予作品更多的艺术魅力，需符合"美"的规律。图6-9所示为某建筑物的速写图。

图6-9　建筑速写中的构图（作者：卢国新）

　　以下是一些历代艺术家们在不断地艺术探索和实践中所总结的构图基本法则。

1. 多样而统一

　　艺术必须有变化，没有变化就不能称其为艺术，变化是必需的，但变化又要求在统一基调中去寻找。如果只存在变化而没有统一，变化就会杂乱无章，如果只有统一而没有变化，又会显得单调乏味缺少韵味，使人感到呆板，得不到艺术审美精神上的享受。所以，既多样化又统一才是艺术创作的基本规律之一。

2. 疏与密

　　疏密是绘画构图的一个重要表现手段。疏与密在一些俗语中也可称为开与合，在进行绘画构图中有时根据审美需要必须把有些东西结合起来，这就是密，也叫合。有时候又必须把它们分散，这就是疏，也叫开。 如果说一个画面中只有疏而没有密，或者只有密而没有疏，都是不合适的构图。 在进行绘画创作构图时只有把握好疏密结合，既有变化也有统一，才是较完美生动的构图。当遇到比较复杂多样的场面处理时，就要求疏密变化要有层次与节奏，不能是等距离的疏密，因为距离一旦相等就失去了变化，也自然不会产生节奏感。

3. 对称与均衡

在进行绘画构图的训练或创作时要求有画面构成的对称与均衡。绘画中不能出现绝对的对称，绝对的对称会给人一种不自然的机械感觉。要使画面感觉自然而不生硬，唯有使画面构图保持"相对对称"和"均衡"。对称是上下左右形状相同、分量相同，有稳重、有平静、有安定之感，可以产生变化统一的协调美。均衡是指布局上的等量不等形的平衡，而均衡的作用是可以使很乱的画面统一起来。

4. 节奏与韵律

节奏这个具有时间感的用语在构成设计上是指以同一视觉要素连续重复时所产生的运动感。韵律主要意味着构图中形、线、色的形式感觉的一致，包括基调及主线起承转合的和谐性。教师要促使学生多观察、多思考、多进行小构图，尤其是对同一景色进行不同的取景、不同空间透视等关系的观察与构图。

一幅画，无论表达的是宁静的感觉，还是流动的感觉，都要使画面均衡。所以在构图上，景物位置的轻重、线条表现的疏密都要和谐地统一，尽可能避免顾此失彼的现象。

💡 小贴士

练习速写主要是学习构图，构图在速写乃至其他任何形式的绘画艺术表现形式中都起到了至关重要的作用，它是画面的骨骼脉络，是支撑起绘画的灵魂支柱。

6.2.4　构图的形式

构图就是安排画面，平时画的速写，将对象安排在画面的恰当位置，这就是在经营图画的位置了，这就是一种构图练习。一般来说，构图形式可以概括成以下几种，如S形构图、C形构图、三角形构图、梯形构图、满构图、疏构图等。

1. S形构图

这种构图形式可以从两方面进行解释，一是将需要画的内容分布在画面上，形成类似S形的弯曲变化；二是指描绘空间中有曲折变化的景象，如山川之迂回等，如图6-10所示。

图6-10　S形构图（作者：刘敬超）

2. C形构图

这种构图形式以C形的形状排列在画面上，画面中间及某一边留空。画面要表现得精彩的内容，排布在C形的内侧边缘，这是一种平面化的构图形式，注重整个C形轮廓边缘的变化，如图6-11所示。

图6-11　C形构图速写（作者：卢国新）

3. 三角形构图

三角形构图因倾斜度不同，会产生不同的稳定感，如图6-12所示。作画时可根据不同的需要，将描绘对象布局成不同倾斜角度的三角形，从而形成不同的艺术感受。

图6-12　三角形构图速写（作者：卢国新）

4. 梯形构图

梯形构图是一种比较稳定的构图形式，采用这种构图形式，容易使内容表现得典雅、庄重，许多静物画常用此构图，如图6-13所示。

图6-13　梯形构图速写（作者：卢国新）

5. 满构图

满构图是从量的角度来理解构图。满构图的画面内容丰富，常用来表现充满生机的内容，如图6-14所示。

图6-14　满构图（作者：卢国新）

6. 疏构图

疏构图是指画面内容疏空，以少取胜，耐人寻味。疏构图的画面选题要精致、讲究，这样才能达到以少胜多的目的，如图6-15所示。

图6-15　疏构图（作者：卢国新）

💡 小贴士

建筑速写写生一般在室外进行，受天气、温度、光线等影响较大，所以时间一般较短，在写生时需要作画者准确判断、快速完成。当画面基本完成后，还要对画面进行调整，这个阶段可以在现场完成，如果时间不允许也可以回工作室完成。画面调整的目的是协调建筑主体与配景的结构关系、画面的均衡与协调关系、构图的完善等。

6.2.5　构图的发展

时代在发展，人们的生活方式和审美观念也都发生了变化，构图形式的创新也是时代前进的必然结果。在进行艺术创作上应对构图重新审视，呈现出多元化的发展模式。所谓"师古人之心，而不师古人之迹"，在新的艺术环境中、新的审美条件下，绘画者应将自身对画面的精神领悟融入创作中，巧妙地平衡疏密虚实、穿插错落、开合呼应等对立统一关系，使画面既符合传统的审美期待，又让作品充满人文情怀，符合现代社会的审美需要。

本章小结

　　构图是绘画艺术技巧的一个组成部分，又是创作过程中的一个环节，是将作品各个部分组合成一个整体的一种形式。学会掌握构图的规律，可以帮助作者对生活现象进行选择和对素材的运用、组织、处理加工等，以达到形式上的完美，加强艺术感染力。

思考练习

　　1. 在进行选景时，要注意哪几点？
　　2. 构图的含义是什么？
　　3. 简要说明构图的目的。
　　4. 构图的形式有哪几种？

实训课堂

　　实训课题：建筑速写构图的研究及案例分析。
　　1. 内容：提交"建筑速写中构图的应用"研究报告一份，包括：①选景和构图对于建筑速写的作用、意义和影响；②在进行建筑速写时应该怎样结合构图原理；③相关速写构图的案例；④最少阅读十篇构图在建筑速写中的应用的文章（观点要标注出参考文献）。
　　2. 要求：内容紧凑，结构合理，不少于500字。

第 7 章
建筑速写的色调及明暗

● 了解建筑速写中色调的运用。
● 学习明暗变化在建筑速写中的作用。

本章导读

　　阿尔道夫·门采尔是世界著名的素描大师，是德国19世纪成就最大的画家，也是欧洲最著名的历史画家、风俗画家之一，更是杰出的素描大师。

　　门采尔出生于德国东部小城布莱斯劳的一个印刷作坊家庭，父亲为了培养儿子绘画才能，将印刷作坊搬到当时普鲁士的首都柏林，他在作坊里从事石版画创作。为了深造，他18岁入柏林美术学校学习，而后因家庭贫寒靠自学登上画坛。门采尔的创作起于石版画，曾为歌德的诗文作插图，因此成功地加入了柏林青年艺术家协会，后来用10年时间创作了600幅《腓特烈大帝传》插图，从而获得历史画家称号，饮誉欧洲画坛。21岁的门采尔开始油画创作，从现实生活中选取题材，成为敏感的风俗画家。19世纪50年代之后，门采尔广游博览欧洲艺术胜地，尤其是与法国现实主义大师库尔贝的会见，使他的艺术更加直接地面向当代现实，1875年创作了现实主义名作《轧钢厂》。

图7-1　《在建筑基座上砌砖的工人》

　　在表现与工业生产有关的作品中，色彩的微妙变化也是耐人寻味的，他似乎习惯于用色调来暗合主体形象的心理状态，完成人物由现实困境到精神困境的探索，直面人性主题。作品《在建筑基座上砌砖的工人》将描绘的环境由室内转为室外，人物形象井然有序，在轻薄淡雅的色调中尽显砌砖等劳作过程的细节。画面捕捉了瞬间性的色与光，运用写实性的笔触以及色彩本身去塑造人物形象的体积感与量感，诠释出了人物砌砖工作时的真实状态，如图7-1所示。

　　门采尔是著名的素描大师，他造型严谨，笔法生动，很有表现力。他的艺术成就最高的是从40年代起，直接取材于现实生活的大量风俗画、风景画和肖像画。门采尔在晚年享有崇高的声誉，在他70岁时被聘为柏林大学名誉校长，71岁时被俄国彼得堡美术学院聘为荣誉院士。他一生创作了大量的油画、版画、水彩画和素描、速写，但大多毁于第二次世界大战的炮火之中，留下来一部分藏于德国各大博物馆。

案例分析

门采尔在艺术语体与现实题材之间一直试图以写实语言探索诠释出不同的人生经历、价值、命运，以及更加深刻的精神内涵。在他的画风中，也历经"古典情结""浪漫情调"以及表现工人题材的"苦难现实"，完成了由宫廷生活到贫苦百姓的巨大转变，不仅打破了一味反映王权或者迎合上流贵族审美需求的倾向，同时，也不再拘泥于世俗小情景的诗意吟唱，他在直面生活的视角中洞察了工人阶级这一随着资本主义大发展而正在崛起的新生力量，他们是社会发展的巨大动力，但却生活在贫穷之中。门采尔的工人作品正视了这种困顿的现实，并予以了深度剖析，力求以真实客观的态度批判性地审视社会。

门采尔的素描技法丰富多样，他没有局限于常规的铅笔与炭笔等材料的限制，而是不断地尝试与探索新的技法与材料，让材料、技法为艺术服务。色彩丰富的粉笔、透明的树胶水彩、厚重的油质颜料，还有木匠使用的方折尖角的六角铅笔等，他通过多种材料的结合，运用擦、涂、画等技法塑造出了传神的艺术作品。

7.1 建筑物色调处理

7.1.1 色调与纹理

色调是物体受光后形成的明暗、投影等，处于现实中的物象，表现了形形色色变幻无穷的光影明暗效果。在实际运用中，色调呈现出了许多面貌，可以像长期色调素描那样用画笔交织调子，制造出丰富的色调色阶铺陈，以细腻的黑白灰调子变化，刻画出物象的体感、光感、质感、量感等。

如图7-2和图7-3所示是用各种钢笔与铅笔的不同笔触表现的色调与纹理。

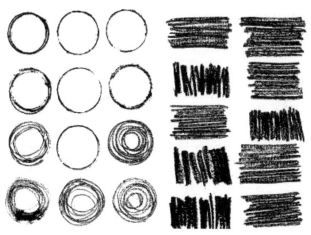

图7-2　铅笔

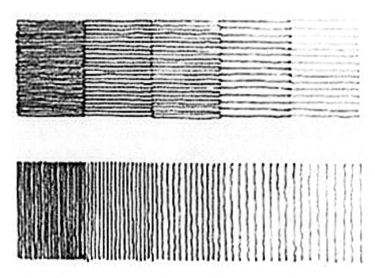

图7-3　钢笔

7.1.2　色调与色块的处理

　　不同的色调可以表现出画面不同的深度和立体感。相同强度的色调或相同大小的色块不应该在一起，对相同色调的安排应该灵活并且错开。初学者作画时，色调之间应该有明显的区别。色调越少越好，避免多余的明暗色调。只有大幅度地取合、概括，才能组织画面形象——把复杂的色块简化为明确的大色调，最终以大的黑白灰去概括。要善于处理色调的对比，善于运用空白、善于把复杂的调子明确化、单纯化。如图7-4～图7-6所示，增加了黑色色块，使画面产生出一个惊叹点，使一幅原本沉闷的速写变得生动起来。

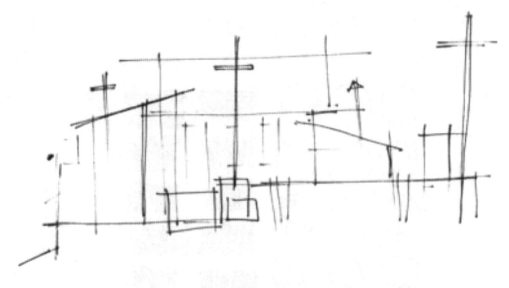

图7-4　线条勾勒出外形

图7-5 在外形上添加细部

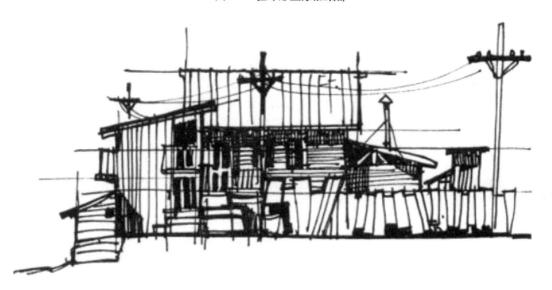

图7-6 在有细部的外形上添加色调与黑色色块

7.2 建筑速写明暗层次

建筑速写的表现主要有三种方法：一是以线条为主的方法；二是以线面结合为主的方法；三是以明暗色调为主的方法。以线条为主的建筑速写方法往往注重轮廓与结构，通过线的韵味来体现画面的效果；以明暗为主的建筑速写，主要是重形体、重空间、重量感，以线条排列的轻重感来表达画面的内容。总的来说，都是离不开线的绘画要素。如何处理黑、白、灰三者关系，这个问题虽然在别的画种中也要妥善地处理，但在建筑速写中却更突出，这是由建筑速写的特点决定的。与其他画种相比较，建筑速写黑白对比比较强烈，而中间色调没有其他画种那么丰富。

因此，建筑速写表现对象就必然要认真地分析对象，并进行适度地概括，所谓概括，就是通过分析以后，去粗取精、去伪存真，保留那些最重要、最突出和最有表现力的东西并加以强调，对于一些次要的、微小的、细微的变化。这看上去似乎使建筑速写受到限制，其实这正是建筑速写的特长所在。

如果我们能够正确地运用概括的方法，合理地处理黑、白、灰三种色调的关系，就能够非常真实、生动地表现出各种形式的建筑形象来。不分主次轻重地一律对待，追求照片效果，那便失去了建筑速写的特点。

7.2.1　明暗规律

明暗现象的产生是光线作用于物体的反映，建立在物理光学的基础上。没有光就不能产生明暗。倘若光线照射在某一立体物体上，就不难看到不同的明暗现象。由此可见，明暗现象的产生，是物体受光线照射的结果。

明暗是速写技法之一，它是表现物象立体感、空间感的有力阶段，对其真实地表现对象具有重要的作用。所以，初学者使用明暗对比手法画建筑速写时，在明暗处理上和素描的规律基本是一致的：亮的主体建筑衬在暗的背景上；暗的主体建筑衬在亮的背景上；主体建筑亮，背景亮，中间要有暗的轮廓线；主体建筑暗，背景暗，中间要有亮的轮廓线。

因为建筑速写是平面的造型艺术，如果没有明暗的对比和间隔，主体建筑形象就可能和背景融成一片，丧失被视觉识别的可能性。

案例7-1

巴黎凯旋门

巴黎凯旋门，如图7-7和图7-8所示，即雄狮凯旋门，位于法国巴黎的戴高乐广场中央，香榭丽舍大街的西端，是拿破仑为纪念1805年打败俄奥联军的胜利，于1806年下令修建的"一道伟大的雕塑"，以迎接日后凯旋的法军将士。同年8月15日，按照著名建筑师让·夏格伦的设计开始动土兴建，但后来拿破仑被推翻后，凯旋门工程中途辍止。1830年波旁王朝被推翻后，工程才得以继续。断断续续经过了30年，凯旋门终于在1836年7月29日举行了落成典礼。

巴黎凯旋门完全仿照古罗马时期以来历代凯旋门的形制，立面方正，体形庞大，进深宽厚，威武雄壮。凯旋门高49.54米，宽44.82米，厚22.21米，中心拱门高36.6米，宽14.6米。在凯旋门两面门墩的墙面上，有四组以战争为题材的大型浮雕——"出征""胜利""和平"和"抵抗"，其中有些人物雕塑高达五六米。凯旋门的四周都有门，门内刻有跟随拿破仑远征的386名将军和96场胜战的名字，门上刻有1792年至1815年间的法国战事史。所有的雕像各具特色，同门楣上花饰浮雕构成一个有机的整体，俨然是一件精美动人的艺术品。这其中最吸引人的是刻在右侧（面向田园大街）石柱上的"1792年志愿军出发远征"，即著名的《马赛曲》的浮雕，是在世界美术史上占有一席之地的不朽艺术杰作。

图7-7　巴黎凯旋门（1）

图7-8　巴黎凯旋门（2）

案例分析

　　让·夏格伦杰出的创造，在于他把"纪念性"的要求与"装饰性"的要求自然地结合在一起，把石雕艺术与建筑艺术有机地结合在一起。《马赛曲》是颂扬法国革命处于欧洲反动势力包围时，人民群众踊跃出征、保卫祖国的英雄主义。作为"纪念碑"，它必须庄严、雄壮、具有伟大的气概。但作为凯旋门墙壁上的浮石雕，又必须与建筑物和谐统一，成为建筑装饰的一个组成部分。难题在于唱着马赛曲前进的战士，必须有一种运动感和千军万马的气势，而门侧这块面积不宽的墙壁上的浮石雕，又需要稳定和完整。但吕德出色地克服了这个困难。他所表现的队伍，不是从(观众的)右方走过来，而是从墙的深处走出来。战士们穿的都是古罗马式的盔甲，这一点保留了古典风的处理方法，但也是为了与罗马式的凯旋门建筑在风格上更加统一。而浮石雕的圆柱构图，又是以放射式的线条(旗帜、翅膀、人物的手足等)向四外张开，这是从"巴洛克"艺术吸收经验，以增强作品奔放的情感效果。

　　如图7-9和图7-10所示的建筑物同样是具有纪念意义的建筑，位于河北省保定市清苑县冉庄镇冉庄村，它向人们展现了冉庄村人民的智慧与创造精神。手绘图将冉庄村村公所主要建筑物安排在画面中心，用两点透视增加空间感，画面注重前后关系和虚实关系，有主有次，并且根据构图的需要，从侧向刻画，既有空间的延伸，又能把主体建筑物呈现完整，着重刻画了村公所的主入口，形成了画面的视觉焦点。图7-9为冉庄镇冉庄村建筑公所的实体图。

　　用调子来表现历史建筑是一种很好的选择。这幅描绘冉庄村村公所的画面，始终围绕着主题内容来把握明暗节奏的变化，以明暗的手段、周围的配景来拉开前后建筑的距离。很好地把握了画面的气氛，把这座具有纪念意义的建筑表现得庄重、挺拔、引人入胜。

图7-9　冉庄镇冉庄村村公所实景图

图7-10 冉庄村村公所速写（作者：卢国新）

在快速表现对象的形体结构关系时，要注意明暗浓淡变化和明暗面积大小对画面的影响，让画面始终围绕着主题，以达到一种均衡的感觉，使被表现的物象明中有暗、暗中透明，交织成丰富多彩的画面景色，目的是为了获得层次分明、突出画面主题的效果。

7.2.2 光影效果

"光"在我们的生活中至关重要，无论是阳光、日（灯）光还是夜间照明均不能缺少。光影就是光线照射在非透明物体上，在物体的背光面留下的灰色或黑色空间，即"影"。自然界的主光源是日光，也是现实生活中唯一的天然光源，在室内建筑中可以见到阳光被很好地用来创造空间立体感和营造明暗对比效果。

对光的特性加深认识，并利用它的变化来刻画建筑凹凸关系和渲染画面气氛是建筑速写的主要表现手段。理想的光线不但需要耐心等待，更需要努力去发现并加以利用。

光影效果的存在使得我们的设计更加富有意境。平时要多注意观察阳光是如何使建筑充满生气的。在侧向绚丽的阳光照耀下，建筑物显得明亮、反差大，从而能突出建筑的外部特征，把建筑的三维空间真实地显现出来。不论淡雅的色调还是浓厚的风格，只有光影与色彩的结合，这个空间才是有生命的，人们才可以领略到光及影与色彩在空间层次中的韵律。

小贴士

我们在画主体建筑物及周围环境时，把次要部分做省略处理，有些物体太深的色调做适当调整，有的甚至干脆取消。这多少有些像照片放大时的"白化"处理，周边逐渐淡出乃至空白。其目的只有一个，就是引导观者的目光和注意力聚焦在画面的重点、主体上来。

  光是万物之源，是视觉感知的根本。光照到物体表面，就可以勾勒出它们的轮廓，在物体的背后聚集阴影，给予它们深度。图7-11所示的画面强调了光影效果，仔细观察，画面中的色块并没有直接表现物体，而只是表现了物体在光线照射下的阴影部分，沿着阳光与阴影的界限，形体被清晰地表现出来，获得自身的形式，展现相互之间的关系。如果没有适当的光，实体的立体感就显示不充分，相互之间的关系也交代不清楚，会使设计中很多富有美感的特征失去作用。

图7-11 建筑物及其周围环境

  以明暗关系为主的建筑速写表现形式，是将背景铺上一层大色调，这样能更好地凸显所要展示的画面主体物，通过归纳建筑物上的对比效果所产生的明暗两大色调的变化来表现建筑的形体特征和体量感，如图7-12和图7-13所示。

图7-12 冉庄十字街

图7-13　冉庄十字街明暗关系速写（作者：卢国新）

7.3 对比要素

在建筑速写中，对比是构成形式美的重要手段。以绘画表现对比，即矛盾或对立在画面上的统一，"没有矛盾，就没有结构"这一文学法则对于建筑速写也是适用的。因此，对有利于表现形体结构，或有利于处理各种艺术关系部分，清晰的自然要取，不太清晰的也要提炼出来，对表现形体结构不利又无助于艺术处理的部分，无论清晰与否，则要毫不犹豫地舍弃。

建筑速写中的形式对比，大体上可分为疏密、虚实、轻重、长短和曲直的对比等。

1. 疏密对比

疏密对比是指画面中人物的线、面组合排列的关系。它的运用首先与取舍密切相关，取则密，舍则疏，密则繁，疏则简。疏密取决于取舍，对比则是取舍的依据。根据人物动态与服饰特征而定，在大的疏密关系制约之下，再注意到具体的疏密变化，古人所谓："疏可走马，密不透风""疏中有密，密中有疏"即是此意。

2. 虚实对比

虚实既与疏密有关，也与轻重有关。疏密是线、面排列、并置之远近，虚实则是线、面之有无。古人曰："大抵实处之妙，皆因虚处而生。"线面的组织安排，要看到空白处，亦即疏处，空白大小不一，疏密自然有变化。

3. 轻重对比

轻重则是虚实的另一个对比概念，主要是指密处——亦即实处的具体变化。轻则虚，重则实，以轻托重，以虚衬实，可以表现形体结构的空间感。

4. 长短对比

长短对比主要是指以线完成或基本以线完成的人物动态速写而言的。线的长短与疏密有关，短线则密，长线则疏，但这种规律只限于轮廓线，形体内部的疏密，关键在于线的排列远近。整体效果短线过多，画面效果容易破碎；长线过多，画面效果则容易简单化。长短对比是指对应关系而言的。长线多则用短线调整，反之短线多则用长线补充，才有线条的变化。

5. 曲直对比

一张画里面曲线多了容易感觉软弱，直线多了则感觉呆板。直中有曲，曲中有直，线的运用自然就会有一种轻松感。在曲直对比变化的同时也可以构成人物形体边缘上的起伏变化。起伏变化是曲直变化的衍生状态，形体外缘的凹凸、高低不同，可以使线条更具有美感和表现力，也使人物动态更生动。

河北保定的冉庄村抗战旧址，如图7-14所示，如果采用正面前景描绘，画面会显得比较单调。如果把它作为中景处理，以旁边的磨盘作为最前景，画面就显得有层次感，并且在手绘的时候将植物与建筑物形成曲直对比，如图7-15所示。

图7-14　冉庄村实景图

图7-15 冉庄村速写（作者：卢国新）

以明暗表现手法的钢笔建筑速写，也是通过线条来实现的，但其线条处理，不仅强调线条本身的魅力，而且通过线条的排列组织、疏密关系来表现景物的质感、量感、空间感，使景物的造型特点完美地表现出来。

7.4 图底关系

在建筑速写中利用"图底"关系组织画面是比较常见的表现手法。所谓"图"，就是指图形本身，比如说白纸上有一朵花，花就是这张画面的"图"，而陪衬着花的其他部分——这里就是白纸部分——也就成了我们所称的"底"。所谓"底"，也就是支撑"画面"的部分，如纸或其他一些我们用来作图的材料均是"底"的基础部分。在画面中，"图"与

"底"是相辅相成的，这就是我们在谈论图形时常常说的"图底关系"。图底关系实际上也是明暗关系的另一种表现形式，图可以是暗部也可以是亮部，反之，底可以是亮部也可以是暗部。这里所说的图底关系，主要讲的是画面的主次关系。下面要说明的是以疏密对比为主的图底关系。

在上一节中，简单地介绍了疏密对比。因此用疏密关系来表现对象时，要注意对象自身的条件，深化主题、统一整体。在刻画的同时要有主次之分，突出主体人物、背景和人物之间形成虚实对比，背景在形式上要服从和强化主题。如图7-16所示表现建筑前道路以及旁边的材质和堆放的物体都十分细致，从材质的表现到空间的处理，节奏十分紧凑，相对的远处的山上的植物就一笔带过，用植物线象征一下即可。以及图7-17这种不同的表达方式，为了突出主体，用密的线条为底反衬主体，主体抽象雕塑为图，没有琐碎的细节，寥寥几笔恰到好处。

图7-16　村落建筑写生（作者：卢国新）

图7-17　城市街景

知识拓展

西方格式塔心理学体系中通过对知觉组织一系列较明显的规律研究，深刻地揭示了"部分"与"整体"、"图形"与"背景"以及"知觉"与"记忆"之间的关系。其中，"图形"与"背景"之间的关系，就是指一个封闭的式样与另一个和它同质的非封闭的背景之间的"图底"关系。

任何建筑景观环境都具有类似格式塔心理学中的"图底"关系，因为建筑景观环境不论大小，必然有限定它存在的边界线。由于限定空间的边界线的存在，若把由它所围合的空间领域作为"图形"来考虑，那么边界线以外的空间就可以成为"背景"。人们往往在习惯上将两者关系绝对化，但实际上两者既相互依存，又相辅相成，并且在一定条件下是相互转化的辩证关系。

如果我们把图7-18中的教堂作为"图"，那么带有竖条状的山峦就是"底"。虽然在明暗上两者都处于比较接近的灰度，但富有节奏性的线条却把它们之间的前后距离充分展现出来了。

图7-18　教堂速写

本章小结

　　建筑速写有三种表现形式，即以线为主、以面为主、线面结合。实际上这三种形式都涉及明暗层次关系。以线为主的画面，当线密集到一定程度时，其在画面中的实际效果也就类似于面。如果主体建筑是较为简洁的形体，背景的线条可以密集一些；反之，背景的线条可以简洁一些。总之，"图底关系"是遇明则暗，遇暗则明，遵循这一原则可以解决建筑速写中的诸多实际问题。另外，明暗关系也是构图的一个重要元素，在画面表现中，往往一个色块就能够为整个构图的平衡起决定性的作用。

思考练习

1．什么是色调？
2．请叙述速写中的明暗规律。
3．速写中的对比主要表现在哪些方面？

实训课堂

实训课题：明暗色调在建筑速写中的不同之处。
1．内容：在不同的时间段对同一建筑物进行建筑速写，体会其不同的明暗变化。
2．要求：至少要有两种不同的时间段。

第 8 章
建筑速写的表现方法和步骤

- 了解建筑速写的构思、布局。
- 掌握建筑速写的表现方法和作图步骤。

本章导读

萨伏伊别墅是现代主义建筑的经典作品之一，位于巴黎近郊的普瓦西。由勒·柯布西耶于1928年设计，1930年建成。它抛弃了多余的装饰，纯粹用建筑自身的元素来塑造丰富的空间，这是早期现代主义建筑重视功能和空间、反对附加装饰的设计思想的反映；体现了现代建筑设计所提倡的美学原则。

萨伏伊别墅占地12英亩，宅基为矩形，长约22.5m，宽为20m，共三层。底层三面透空，汽车可以驶入。别墅轮廓简单，像一个由几根细的圆柱支撑起来的白色方盒子。立面全部为直线、直角，构图严谨，各部分比例统一采用黄金分割率。盒子的四边稍微挑出柱子之外，墙很薄，水平向的长窗和窗洞里透露出的屋顶花园和明亮的房间，使人感到这个镂空的立方体内似乎充溢着无限的阳光和空气。雪白的粉墙和底层透空部分的虚实对比，盒壁和内部空间的前后层次，在阳光之下形成强烈的光影变化，使简单的形体显得生动丰盈。别墅整体采用了钢筋混凝土框架结构，平面和空间布局自由，空间相互穿插，内外彼此贯通。别墅轮廓简单，像一个白色的方盒子被细柱支起。

柯布西耶强调利用墙体或隔断灵活地分割空间，他认为住户应该可以按自身需要划分自己的居住空间——自由平面的提出——承重结构与分隔结构完全分离，能够最大限度地实现空间划分的灵活性和适应性。而自由立面的提出，使得建筑立面设计摆脱了新古典主义构图原则的束缚，使建筑立面和内部功能的配合更加合乎逻辑。

案例分析

萨伏伊别墅深刻地体现了现代主义建筑所提倡新的建筑美学原则。表现手法和建造手段的统一，建筑形体和内部功能的配合，建筑形象合乎逻辑性，构图上灵活均衡而非对称，处理手法简洁，体型纯净，在建筑艺术中汲取视觉艺术的新成果等，这些建筑设计理念启发和影响着无数建筑师。即便到了今天，现代主义的建筑仍为诸多人士所青睐。因为它代表了进步、自然和纯粹，体现了建筑最本质的特点。

要想完成一幅优秀的建筑速写作品，就要对建筑及环境有敏锐的洞察力和大胆的想象力，把自己所要表达的画面深深地印入脑海，再通过画笔释放出来。建筑速写要表现对象就必然认真地分析对象，并进行适度的概括。如果我们能够正确地运用概括的方法，合理地处理明暗的关系，就能够非常真实、生动地表现出各种形式的建筑形象来。

8.1 建筑速写的构思

在完成一幅建筑速写之前，首先要进行画面的立意与构思。所谓的"立意先行""意在笔先"，顾名思义是意念先于动作，在画建筑速写之前，所画之物在作者脑海中就已经形成了大体概况，有了这种对表现对象的初步认识后，就会去思考、酝酿在画面中如何运用造型、透视、构图等手段把对象表现出来；如何对客观对象进行取舍、提炼和概括等诸多问题，作者对所要表现的对象在脑海中就会形成一个鲜明的画面，这就是画面的立意与构思过程。只有立意和构思成熟了，画的时候才能做到"胸有成竹"。这一过程是作画前重要的准备阶段，它往往是决定画面的视觉焦点、构图取景等因素，进而影响画面的整体效果。

8.2 建筑速写的表现

对建筑速写进行简单的构思之后，就需要对脑海中的画面进行表现。

8.2.1 建筑速写的注意要素

在进行速写时要注意以下几点。

1. 形

造型艺术，首先讲的就是形象，形象可以是写实的，也可以是变形的。写实要具备准确性和生动性；变形要具备协调性和统一性。单就写实而言，对于形象的描绘是基于对客体的仔细观察和精心表达，才能创造出生动、准确的艺术形象。

2. 密

任何美术作品都应有一定的深度，否则会流于浮浅单薄之列。速写虽然相对于长期素描要省时简单得多，但也应有一定的内容和深入刻画。例如，人的衣服在不同动态下会发生各种变化，质感与使用时间的长短都会产生不同的迹象，这些都有必要加以描绘，才能真切、生动、感人。

3. 线

如果说形是构成物象的基本要素，那么线则是表达这些要素的元素形态，以其强烈的色彩和丰富的审美特点构成图画。

4. 疏

疏是相对于密而言的，是密的对比，是"加密"后的一种提炼、升华，是速写的最后形式。它不同于第一步的简单、概括，而是密处理后的处理，疏密对比是增加画面活力的重要方法。

8.2.2　建筑速写的表现方法

建筑速写有很多种表现方法，可以用细腻的笔触来刻画，也可以用粗犷的线条来表现。前者在用笔方面要求严谨工整，后者要求轻快活泼，因人而异各有所得。一般来说，建筑速写的表现主要有以下三种方法。

1．以线条为主的方法

1）含义

"以线造型"是指运用线条归纳物象的形态、结构特征、神韵特点的造型方法。线条是速写最基本的语言方式。

线条作为绘画当中主要的一种表现形式，从某种意义上说，线条是绘画的生命源泉，无论是油画、国画还是设计，在技法表现上都离不开线条。

人类表现物象都是从线开始的。无论是我国还是其他国家都是如此。一万五千年或两万年前的旧石器时代，法国的拉斯科和西班牙的阿尔塔米拉洞窟的壁画，就是人类最早的用线来塑造形体的作品。我国原始时期的彩陶图案纹样就有人面纹、鹿纹、鱼纹、方格纹、三角纹、圆圈纹等，都是用线的长短、粗细、横竖、曲折、交叉等体现的。人对于线有天生的感受能力与用线造型的灵性，如图8-1～图8-3所示。

图8-1　中国彩陶

图8-2　中国彩陶上的图案纹样

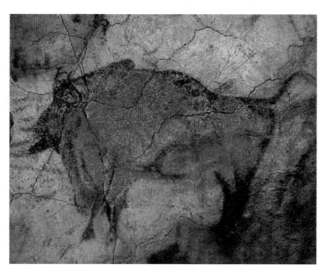

图8-3　阿尔塔米拉洞窟的壁画

　　线条在中国绘画中得到了充分的发展，形成了一整套用线方法，也形成了线的节奏、韵律、粗细、疏密、穿插、变化统一的形式规律。用线造型构成了建筑速写的特点。它抛开了光影的存在，而着重于本质、结构、精神情感与意象的描述。在国画里，线一直被看作绘画的"骨"。骨就是造型的骨架。骨者，立之也。人无骨则无人之立，车无毂则无车之体更无车之行。这充分说明了线在绘画中的重要性。

　　白描原是中国绘画的传统技法之一，即用墨线勾描出轮廓似洋白菜颜色的一种画法，也有略施淡墨渲染的。白描画法多用于画人物，可分为两派：一派出自于北宋大画家李公麟的，称之为铁线描；另一派出自于唐代大画家吴道子的，称之为兰叶描。图8-4所示为白描在中国画中的应用。

图8-4　中国画中的白描

速写中的白描是以单线勾勒的方法进行写生造型，一般是指用毛笔在宣纸或其他带有吸水性的纸上完成（如高丽纸、皮纸、元书纸等）。白描要求以线造型，所用线条要能表现物象的形体转折、变化、运动和质感，造型严谨，形态自然生动、用笔流畅有力、组织疏密得宜、主次分明、画面完整，富有节奏感。线描考试内容一般有人物白描和静物白描两种。

（1）人物白描：提供一个模特，摆成相对静止的姿态，做全身或半身写生，考生用白描的形式完成试卷。

（2）静物白描：提供一个或一组静物，搭配合理，摆放得宜，一般是花卉或禽鸟标本，考生以写生的方法，用白描的形式完成试卷。

白描画法是一种只用线条而不施明暗调子和排线的表现形式。这类建筑速写的特点是简洁、明快、轻松。技法初看似乎异常简单、信手拈来即可，实际上却并非如此。只有根据不同对象的造型特征，做出周密的安排，才有可能画出好的作品，而线条的准确生动能直观地表现出绘画者的功力。图8-5所示为植物配景线描图。

图8-5　植物配景线描图（作者：卢国新）

2）特点

以线条为主的速写线条是最基本的速写表现方法，此法近似中国画中的白描。线描以单线的形式将物体的结构概括成线。在作画过程中，不再特别注重物体所呈现的色彩、明暗，而是重点提炼物体本身的内在形体结构特征，抽象概括出线条的造型手法。以线条为主的建筑表现方法往往注重轮廓与结构，通过线的韵味来体现画面的效果。

线条运用得当，形态自然生动，不仅可以勾画静态的轮廓，还可以表现动态的韵律。线描法在表现主体的过程中，主要从结构出发，将比例、转折、运动用简练的线条表现出来。线条有虚实、深浅、粗细、刚柔、急缓等变化，如图8-6所示。

图8-6　速写线描图（作者：卢国新）

3）线条的表达

以线条为主的速写有时也并不完全排斥点和面，有些画家常喜用一些点来活跃画面，用一些面（色调）来辅助形体。

以线条为主的速写要讲究以下几点。

（1）用线要连贯、整体；忌断、碎。

（2）用线要中肯、朴实；忌浮、滑。

（3）用线要活泼、松灵；忌死、板。

（4）用线要有力度、结实；忌轻飘、柔弱。

（5）用线要有变化、刚柔相济，虚实相间。

（6）用线要有节奏感、有抑扬顿挫感、有起伏跌宕感。

当然，画速写时不可能将诸多原则都顾到，往往容易顾此失彼，一味追求结实就容易呆板，一味追求活泼又容易飘浮，这都是正常的，需多加练习，平衡画面，方可达到技艺精湛的地步。

2．以线面结合为主的方法

这是速写表现形式中最常见的一种方法，是在线的表现基础上，稍加简单的调整，使画面表现得更加充分、更具有变化，使画面艺术表现力更强，不单调。

1）含义

有一种速写，在线的基础上施以简单的明暗块面，以便使形体表现得更充分，是线条和明暗结合的速写，简称线面结合的速写。

2）特点

这种方法综合了线、面两种方法的优点，又弥补了二者的不足，故也是一般速写常用的方法。

这种画法的优点是比单用线条或明暗画更自由、随意、有变化，适应范围广。线比明暗块面造型具有更大的自由和灵活性，它抓形迅速、明确，而明暗块面又给以补充，赋予画面力量和生气，所以色调和线条的相互配合，此起彼伏地像弦乐二重奏那样默契、和谐，融为一体，如图8-7所示。

图8-7　线面结合景观小品（作者：卢国新）

3）线与面的表达

速写中的"面"是指界面，通过它可以表现景物在空间中的各种形态，例如房屋的体面结构、道路的空间透视、树叶的伸张角度等界面状态。但不管采取何种工具手法，只要处理好线条的起承转合及体面的塑造切削，就能造成千变万化的形态，产生强大的艺术感染力。图8-8所示为中式屋檐的速写图。

图8-8　中式屋檐场景速写（作者：卢国新）

当一张画面上有景有人时，也可以采用线面结合的方法，后面的景物深的地方，几乎全用明暗法以块面画出，但前面的人物则又以线条表现，用大块的面来衬托出前面的人、景和人的姿态都很突出(还可以人体用明暗、服饰用线条)。又如，遇到对象有大块明暗色调时，用明暗方法处理，结构、形体的明显之处又用线条刻画，有线有面，画面丰富且主体突出，这种方法画人画景都很适宜。

以线面结合为主进行表现时要注意以下几点。

（1）用线面结合的方法，要应用得自然，防止线面分家，如先画轮廓，最后不加以分析地硬加明暗，这样的画面就会显得生硬。

（2）可适当地减弱物体由光而引起的明暗变化，适当地强调物体本身的组织结构关系，即有重点地处理画面内容。

（3）用线条画轮廓，用块面表现结构时，应注意概括块面明暗，抓住要点施加明暗，切忌不加分析选择地照抄明暗。

（4）注意物象本身的色调对比，有轻有重，有虚有实，切忌平均，无重点。

（5）明暗块面和线条的分布，既变化又统一，具有装饰审美趣味，抽象绘画非常讲究这点，我们的速写也可以从中汲取营养。

小贴士

线面结合的速写追求的是线与面的穿插关系，能更好地反映对象特征，更清楚地表现结构明暗变化规律和体面转折关系，切忌毫无感受和根据地乱加，使形象散而乱。

3. 以明暗色调为主的方法

速写也可以用黑、白、灰来表现，它可以直接构成画面视觉的整体性，这一形式的速写显然是强调了物象的空间、环境和体积，是画者当时的自然感受。

1）含义

由于光的因素，我们所看到的同一物体、同一色彩会呈现出不同的深浅与明暗变化。空间感的塑造正是运用这种明暗阴影关系，由此便产生了以明暗色调为主的速写方法。

2）特点

借助明暗光影变化，使画面有一种光的总体气氛，运用黑、白、灰关系构成画面结构，表现物象的节奏变化，画出特定环境下的物象，使画面具有较强的空间感、质感和形体感。这是西方传统绘画的重要方法。

3）明暗的表达

作为速写来要求，它要描绘的明暗色调当然要比素描简洁得多。所以明暗的五个调子中，基本只需要其中的明面、暗面和灰面三个主要因素就够了。在画速写时要注意明暗交界线，并适当地减弱中间层次，在以明暗为主的速写中，因为常常省去背景，有些地方仍离不开线的辅助，有些明面的轮廓线是用线来提示的。

运用明暗调子作为表现手段的速写，适合于表现立体光线照射下物象的形体结构。具有强烈的明暗对比效果的特点，可以表现非常微妙的空间关系，有较丰富的色调层次变化，有生动的直觉效果，如图8-9和图8-10所示。画速写不仅是对自然的描写，还是对自然的再创造。要把主观需要与画面的构成有机地结合起来，作为明暗表现形式始终要使速写源于生活又高于生活。

以明暗为主的速写技法的黑白灰关系的审美讲究。

（1）黑白要讲究对比。要注意黑白鲜明，忌灰暗。

（2）黑白要讲究呼应，要注意黑白交错，忌偏坠一方。

（3）黑白要讲究均衡，要注意疏密相间，忌毫无联系。

（4）黑白要讲究韵律，要注意起伏节奏，忌呆板。

图8-9　瑞士柏林闸速写

图8-10 伦敦灯柱速写

知识拓展

五调子：是指具有一定形体结构、一定材质的物体受光的影响后在自身不同区域所体现的明暗变化规律。

高光：受光物体最亮的点，表现的是物体直接反射光源的部分，多见于质感比较光滑的物体。

亮灰部：高光与明暗交界线之间的区域。

明暗交界线：区分物体亮部与暗部的区域，一般是物体的结构转折处。（明暗交界线不是指具体的哪一条线，它的形状、明暗、虚实都会随物体的结构转折而发生变化。）

反光：物体的背光部分受其他物体或物体所处环境的反射光影响的部分。

投影：物体本身遮挡光线后在空间中产生的暗影。

以明暗为主的速写有几种比较常用的明暗表现方法。

（1）用密集的线条排列，可以画得准确。

（2）用涂擦块面的方式表现，可以使画面生动而鲜明。

（3）用密集的线条和块面相结合表现，能兼顾两者之长。

（4）用毛笔蘸墨汁大面积地涂抹，可有浓淡深浅的变化。

知识拓展

明暗的表现手法需要我们弄清楚光源色、固有色、环境色之间的关系。

（1）物体亮部的色彩主要是光源色与固有色的混合，即光源色加物体的固有色。室内所采用的自然光可使物体亮部偏冷，相对而言暗部偏暖。

（2）高光的色彩基本是光源色的反映，也受固有色的影响。在程度上主要决定于物体本身的质感，表现光滑的高光强，基本上为光源色。高光弱的、固有色深或色感强的，则稍带有固有色的影响。

（3）中间调子的色彩，既有光源色的影响又有环境色的影响，是物象色彩变化最丰富的部位。其色彩是光源色、固有色和环境色均匀混合。中间调子的色彩，是物体固有色最明显的部位。

（4）物体的暗部色彩主要是固有色和环境色的混合，但色度上要加暗，暗的程度与色相差别则需与亮部色彩相比较而定。

（5）明暗交界部位的色彩感最弱，色彩倾向上与暗部色相近，但明度上更暗。

（6）反光色彩是暗部色彩的组成部分，基本上与暗部色统一，明度上稍亮，更显示环境色的成分，受环境色影响的程度较大，但受物体本身质感的制约，又不受环境色强弱的影响。

（7）投影部分的色彩比较复杂，是受投影物体的固有色加深和环境色影响的总和，有时可用受光部色彩的对比色或补色来强调对比。注意了这些关系后，投影色彩可以画得既透明又丰富。

8.2.3 建筑速写中细部与整体表现

一个整体是由若干个局部组成的，没有局部的整体，是空洞的、不真实的；然而，没有整体的局部，再精彩、再深入也是毫无意义的，所以把握好整体与部分的关系，使画面和谐统一且细节丰富，是建筑速写中重要的一环。

1. 建筑速写的整体观

"整体"作为造型艺术的根本法则，它的实质就是"比较"，就是找出物体与物体之间，以及物体自身各部位的差异，使之定位准确，包括局部与局部的比较、局部与整体的比较。比较色调的深浅、比例的大小、透视的远近、主次的虚实。反复比较后画出来的形象，才是客观而真实的。

对于很多速写的初学者来说，如何恰当地把握整体和局部的关系是非常困难的。过度重视局部，会导致画面失去应有的和谐，甚至在形体比例上出现错误；过度重视整体，缺少细节的深入刻画，又会导致画面的空洞、不真实。由此可见，速写时必须兼顾整体和局部，正确处理整体和局部的关系是非常重要的。

2. 局部与整体的关系

正确处理局部与整体的关系最重要的一个原则是"整体—局部—整体"，就像是一般文章常用的结构"总—分—总"。

画者在进行速写时首先必须从整体着眼，把要刻画的整个物象纳入自己的视域范围之内，先进行简单的整体观察与刻画。当然，我们强调整体并不意味着不需要细节的深入刻画，整体和局部是对立统一的关系，并不存在纯粹的"整体"，整体的丰富性有赖于对局部的深入刻画。画者可以通过对分割画面而产生的局部细节的深入描绘增加画面的生动感与真实性。

当然，在刻画细节的过程中，整体的观念还是不可缺少的。不管作画过程中画到哪个局部的明暗色调层次，眼睛的观察范围始终是画面要刻画的全部范围。在眼睛整体观察下所感受到的明暗层次的全面秩序中，按从深到浅表现明暗色调的顺序去画局部，这就是"整体下的局部"。

最后阶段，再一次回到整体画面，从整体观察画面，完善局部与整体的不足。

总而言之，就如哲学中整体和局部的关系那样，在速写的过程中，整体和局部也是对立统一、不可分离的关系。因此，建筑速写图要表现对象就必然要认真地分析对象，并作出适度地概括，通过分析，去粗取精，去伪存真，保留那些最重要、最突出和最有表现力的东西并加以强调。对于一些次要的、微小的枝节上的变化，则应大胆地予以舍弃，只表现对象中比较突出的要素，而舍去其余细微的变化。这看上去似乎使建筑表现受到限制，其实却正是建筑表现的特长所在。

8.3 建筑速写中写生的步骤

建筑速写首先要以铅笔画好透视，然后在透视稿的基础上，用钢笔加重线条，其勾画的线条应坚实有力，细部刻画和线脚的转折应精细准确。建筑速写的具体步骤主要可分为以下几点。

1. 选好角度确定所表达的重点，画出大的轮廓线

取景角度的优劣关系到画面效果的好坏。理想的角度，一是有利于确定所画对象，二是有利于确定画面透视。确定角度和透视形式，是落笔作画前的构思阶段，构思充分是画好风景画的根本保证。

速写为着重刻画物体的结构和形态，主要是通过轮廓线来表达的，如果忽略外轮廓线的完整性，过分抠外形的琐碎细节，便会使整体显得零乱、松散，当然外轮廓线一定要注意其生动性，切忌呆板。为了集中反映主要形象，可以把某些次要形象省去不画，或在合理的范围内在画面上改变它们的位置，使构图更加理想，主要形象更加突出。轮廓线是表现物体边缘形状的基本线条，是物体形体、动静关系的关键。

2. 注意视平线的位置，整体深入

视点和视平线的确定，对于绘制建筑透视图或者建筑速写来说，是放在第一位的工作。

在绘制任何一幅透视图之前，首先必须精心选择视点。一般来说，视点可以选择相当于普通人站立时眼睛的高度，其优点之一是这样所获得的视图与人的日常经验相吻合，较真实可靠；另一个优点则是为确定人物、车辆、树木等有确定高度值的物体在识图各个位置的大小和高度提供了十分便利可靠的标尺。当然，作图者也可以选择高于或低于人眼的视点位置，所产生的效果各不相同：对表现建筑而言，视点低可使对象显得更加高大；对室内表现图来说，较低的视点可以模拟坐着观察的情况；对表现一定的场景范围来说，视点稍高一些，比如10～20m，画面内容也许会更加丰富，甚至还可以表现出屋顶的细部。

所谓视点，就是作画者作画时眼睛的位置。视高就是视点相对于地面的高度。

视点所在的水平面称为视平面，因为与眼睛相平，在画面中呈现为一条水平线，即视平线。

建筑速写不仅仅是把客观景物真实地展现出来，而且应该随着表现技能和创作理念的提高，逐步地将自身的情感作用于客观世界的表现，这样才能摆脱景物对表现的制约，获得对客观景物的真实情感。

1. 进行速写时应注意哪些方面？
2. 建筑速写有哪几种表现方法？
3. 简述建筑速写的步骤。

1. 题目：室外建筑、风景写生。（自选）
尺寸：A4
工具：钢笔、碳素笔、彩色笔等。

2．要求：

注意构图和表现手法的灵活性，注意线条的使用。

3．目的：

（1）通过室外写生，使学生掌握对自然场景的构图、比例等关系。

（2）在实践中熟练运用多种表现技法。

（3）要求多实践、多思考。

第 9 章

几种典型题材及主题

学习要点及目标

● 　了解建筑速写的各种题材。
● 　掌握建筑速写相关题材的基本画法。

本章导读

唐纳喷泉是彼特•沃克于1984年设计的作品，位于哈佛大学校园内的人行道路交叉口处，由159块花岗岩不规则排列组成直径约18.3m的圆形石阵，石阵的中央是一座雾喷泉，如图9-1所示。

圆形石阵跨越了草地和混凝土道路，包围着两棵已有的树木。石身的一部分被埋于地下，这些石块就像是慢慢地顺势蔓延到草地中的一样，在绿草间大树下延伸，自然融合得就像是从环境中自然生长出来的一样。159块花岗岩采自20世纪初期的农场，唤起了人们对英格兰拓荒者的记忆。

图9-1　唐纳喷泉

石阵中心处设有水池，石头更加密集，有32个喷嘴。春、夏、秋三季，水雾像云一样在石上舞蹈，模糊了石头的边界。白天阳光的反射令水雾产生彩虹；晚上水雾在灯光的控制下发出神秘的光芒。冬天当水雾冻结时，利用建筑的供热系统进行喷雾。当喷泉完全静止时，这里成为白雪优雅表演的舞台。

所有季节，唐纳喷泉都在被高强度地使用着。各样的活动在唐纳喷泉开展，这些活动又相应地强化了唐纳喷泉的存在。

案例分析

美国当代景观设计大师彼特•沃克，是极简主义园林设计的代表。他的作品带有强烈的极简主义色彩。哈佛大学唐纳喷泉充分展示了沃克对于极简主义手法的纯熟运用。巨石阵源自他对英国远古巨石柱阵的研究。同时质朴的巨石与周围古典建筑风格完全协调，而圆形的布置方式则暗示着石阵与周围环境的联系。与其原型——安德鲁的雕刻作品（石之原野）比起来，这件作品在内容和功能上都已经超越了它，唐纳喷泉也因此被看作是沃克的一件典型的极简主义园林作品。

9.1 风景

建筑设计不可能脱离自然环境，对环境的设计也是设计师的任务之一。因此，建筑速写概括起来主要包含了自然景观和人造景观两大内容。

风景速写，是将自然中的所见所感快速、简要地表现出来的一种绘画形式。其描绘的对象为自然风光，如山川河流、树木花草、房屋建筑等。

要画好风景速写，除了要经常深入到大自然中去不断积累、勤学苦练以外，有三个环节是至关重要的：一须眼观，乃认识和了解；二要心悟，为感受及情思；三靠手写，是技法与表现。

当然，要画好风景速写，除了上述三个环节之外，还要注意多看多画，多看包括临摹，从前辈大师的优秀作品中得到启示，找到一种适合于自己的技法，可以事半功倍。多画，则是要深入到大自然中进行大量的速写训练。

描绘风景速写的线条可以更加自由奔放一些，线条统一朝着一个方向更能够体现气候特征，如图9-2～图9-4所示。

图9-2 风景速写（作者：卢国新）

图9-3　云南丽江风景速写（作者：卢国新）

图9-4　黄姚风景速写（作者：卢国新）

知识拓展

建筑速写中，地形的描绘是很重要的组成部分，如图9-5和图9-6所示。

建筑速写，重要的是线条要画得流畅且连贯，这样一来也可能出现画得不太准确的危险。在描绘与斜面平行的目标——前景中的护堰时，应考虑它位于地平线上的消失点，这样较容易描绘这些石堰。

为了刻画细节，前后部分的轮廓线彼此不应接触，如同在山脊上看一样。石头只在前景中用表示特征的细节描述，石头本身的阴影用底部聚集的轮廓线画在旁边。随着景深的增大，石头的尺寸就会迅速减小，甚至很快就只能画出它的简单轮廓线，到了中景转成波形的卷曲线，再往下则变成了简单的线条。

在前景中，各护堰之间的地面，通过勾画出的凹凸不平地带，相对准确地表现出该地面的特征。随着景深的增大，描绘细小的地面起伏当然不合适，画一些点和短线就足够，再往后，平面呈白色。尽管如此，对于没有描绘的平面，观察者仍有地面的印象而非水和天空。

图9-5　下垂线表示地形的走向，前景的石堰消失在远方

图9-6　用少量的线条就能表明曲折的地貌形态

9.2　植物

　　徒手对植物进行的简化描绘，对画图者的观察能力提出了较高要求，只要天气允许，应当尽可能地到大自然中练习绘画。

　　在这里对植物的绘画作一些说明。首先要注意，绘画不是过分准确地描摹或纯粹大自然的翻版，描绘植物最终涉及的仍是画线条、平面和立体。

　　所有的植物都有它自己的轮廓（静态），绘画过程中要以它为骨架，再添画细部。例如，对于树可以由中心向外画，如果首先把植物想象为表面流动的活体，同时仔细观察并牢记它的轮廓，就很容易确定这幅画的整体结构了。

　　描绘植物时，远近起了很大作用。绘画者进行描绘，必须先作简化处理，即只描绘有特色的部分。然而，这不仅仅是使用象征性符号的问题，必要时，可以对建筑图作些简要补充。在规划画面时，由于比例问题或受工作时间所限要适当精简。

9.2.1 花草

1. 草

草的典型画法是用线条来表现。画草，用少量的细线已足够，甚至可用断条线来暗示。用心思识别线条关系，用碎散笔画充实图画。

知识拓展

油画、水彩都应分色块描绘，近景的草可以用勾线笔来描一些，但不要集中在一起画，可用少量小段的线来刻画，但不要太多，主要用颜色来覆盖。远景就用色块来画，就是颜色都是一块一块的，且是相近的颜色，注意光的分布。

草坪和草地的表示方法应采用线段排列法，要求线段排列整齐，行间有断断续续的重叠，也可稍微留些空白或行间留白，也可用斜线排列表示草坪，排列方式可规则，也可随意，如图9-7所示。

图9-7 草坪

2. 花

如图9-8和图9-9所示，在对花卉进行速写时，初学者应该比较准确地认识对象的形态结构，可以重点解剖一枝、一花、一叶，对要写生的花冠、叶、树枝、干、梗、萼、蕊、苞、托等形态结构进行观察，还要注意观察景物的整体气势，并达到一种自然客观的高度提炼。所以我们在写生之时对自然景物要从整体到局部，再从局部到整体客观地进行观察。

花的轮廓几乎总表现为某种几何形状（球形、锥形、圆筒形、椭圆形、蛋形、圆形、多角形、梯形、矩形、三角形），常常是点或轴的对称结构。古人讲"以形写神""形神兼备""以形媚道"。这些都说明了"形"与"神"的关系，即形似之上的神似。写生不应满足于精确的形似，因形似仅是外在的轮廓，写生的最高追求是要通过精确的形，表达出事物的内在生命，形的精确不等于神似，但神一定存在于精确的形象之中，所以写生不应该仅注意被描绘事物的轮廓，而更应该注意如何观察描绘生物的形态，并以此来表达出被描绘事物的内在精神。

在构图方面，要注意主次分明、聚散得当。在画面上往往会出现形象的疏密集散，只有画面形成对比，形成节奏，才能突出主次关系，表达主题思想；如果有密无疏，画面则显得紧张杂乱，让人感觉透不过气来，如果有疏无密，则会显得松散，没有联系。因此，要聚散得当，疏密合理，布局恰到好处。只有如此，画面才能生动、优美、有节奏。

图9-8　花卉速写（1）（作者：卢国新）

图9-9　花卉速写（2）（作者：卢国新）

进行花卉速写时，首先要选择好能够入画的花的优美的角度，选择标准主要以结构清晰、造型美观和符合中国画审美习惯为原则，花卉写生的姿势直接影响到观察花的形态和角度，不要以自己习惯的方式去观察写生对象。因此，写生时要站着、坐着、蹲着各画一张，这样才可以从不同的角度了解花卉，以后才能得心应手地表现花卉的各种形态，使画面丰富而生动，从而总结出表现写生对象的最佳形态。

9.2.2　树

建筑绘画配景中，树是最重要的部分，犹如建筑与环境绿化一样密切。不同树种的运用可以表现出建筑物的不同特定环境；不同风格的树可与不同的建筑图相协调而使画面更加完美。这里的建筑配景树有平面和立面两部分。

1. 平面树

建筑总图中的道路、庭院、广场等室外空间，以及一些室内设计，都离不开树木、绿地，如图9-10所示。树木的配置也是建筑师设计时应考虑的主要问题之一。平面图中树的绘制多采用图案手法，如灌木丛一般多为自由变化的变形虫外形；乔木多采用圆形，圆形内的线可依树种特色进行绘制，针叶树多采用从中心向外辐射的线束；阔叶树多采用各种图案的组合；热带大叶树多采用大叶形的图案表示。但有时亦有完全不顾及树种而纯以图案表示的。

图9-10　平面树

2. 立面树

树的种类千千万万，形体千姿百态，立面的绘制方法亦多种多样，往往令初学者不知从何处入手，现将树分解成几个主要部分分别简述。

1）枝干结构

树的整体形状基本决定于树的枝干。理解了枝干结构即能画得正确。树的枝干大致可归纳为下面几类。

（1）枝干呈辐射状态，即枝干于主杆顶部呈放射状出权，如图9-11所示。

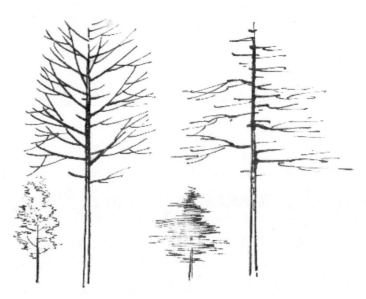

图9-11　放射状枝权

（2）枝干沿着主干垂直方向相对或交错出权，出权的方向有向上、平伸、下挂和倒垂几种，这种树的主干一般较为高大，如图9-12所示。

图9-12　下垂状枝权

图9-13所示的垂柳由于质软而枝丫下垂。有很多柳树的柳树冠下部只比人头略高一些。

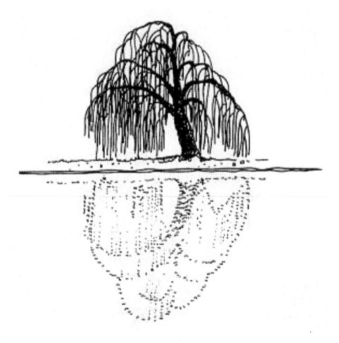

图9-13 垂柳

（3）支干与主干由下往上逐渐分权，越向上出权越多，细枝越密，且树叶繁茂，如图9-14所示。这类树型一般比较优美，多见于行道树。

图9-14 繁茂枝杈

2）树冠

每种树都有自己独特的造型，绘制时必须抓住其主要形体，不为自然的复杂造型弄得无从入手。每种树依树冠的几何形体特征可归纳为球形、扁球形、长球形、半圆球形、圆锥形、圆柱形、伞形和其他组合形等。

树冠，可以只用轮廓形式或者通过很多单个树叶描述，例如在上部可以只画轮廓和单独伸出的枝丫，与此相反，在树冠下面只画昏暗的阴影边，如图9-15所示。

图9-15　不同的树冠

3）树干

描绘树干也有多种方式，如图9-16和图9-17所示。作为外轮廓的两条线，树干只作少量描绘。与描绘纯圆柱形状的阴影相似，要为树干轮廓线添加不同的线条。水平环大体可以表示圆形，在树干的下端应勾画出向地下伸展的树根，树根外露部分的大小必须与树的大小相适宜。

图9-16 树皮明显不同的树干

图9-17 不同的树

4）树在建筑绘画中，树可以作为远景、中景或近景

远景的树可以衬托建筑物；中景或近景的树，则可以丰富画面的空间和层次，如图9-18所示。

（1）远景树。远景树通常位于建筑物背后，起衬托作用，树的深浅以能衬托建筑物为标准。建筑物深则背景宜浅，反之则宜用深背景。远景树只绘出轮廓，树丛色调可上深下浅、上实下虚，以表示近地的雾霭所造成的深远空间感。

（2）中景树。中景树往往和建筑物处于同一层面，也可位于建筑物前，画中景树要抓住树形轮廓概括枝叶，表现出不同树种的特征。

（3）近景树。近景树描绘要细致具体，如树干应画出树皮纹理，树叶亦能表现树种特色。树叶除用自由线条表现明暗外，亦可用点、圈、条带、组线、三角形及各种几何图形，以高度抽象简化的方法去描绘。

图9-18　不同距离树的描绘方式（作者：卢国新）

知识拓展

根据树的种类、季节和光照强度，一幅画可能得出不同的结果。冬天，如果树叶已落，树的静止结构很容易识别，好画；夏天则相反，在中等距离上，大多只取真实的树冠轮廓和树干。白天阳光可使树的上部显得较亮，而在树冠下面则可形成明显的阴影区。

5）总结

（1）要表现树木的体积感。树木的体积感主要表现在它的枝叶部分，枝叶在整体和局部上都呈现一种几何上的球形或塔形。它的明暗变化和透视变化都符合这种造型的规律，即使是冬季的树枝也应该反映这种造型结构。树木的体积感还表现在树干和树枝的圆柱体造型上，树皮的纹理和树枝的节杈都要考虑到圆柱体的造型特征。

（2）要表现树木的生长规律。树的枝干是下粗上细，树枝由树干呈放射式生长，树叶的互生和对生都是造型上要表现的生长规律。

（3）要表现树木的生命力。树木是景物中富有生命力的物种，在风景速写中，表现树木的手法要与非生命的物体相区别，以丰富画面的表现力，如图9-19和图9-20所示。

（4）要表现不同树木的不同特点。要表现松树的苍劲、槐树的丰茂、杨树的刚直、柳树的妖娆，我们可以借鉴中国画中的用笔方法，丰富我们的表现手段，例如山水画中的点法和加叶法。

（5）表现树木不但要描写树木的形象结构，还应当表达树木的内在气质。中国画中同样特别强调画树如画人。

图9-19 以树木作为主体的速写

图9-20 树木的表现

9.2.3　灌木、亚灌木、小丛林

关于画树的论述基本上也适用于画灌木等小型植物，不过还是有些不同，如图9-21至图9-23所示。

（1）灌木：没有明显的主干，平面形状有曲有直。

（2）地被物：轮廓、质感型。

（3）以栽植范围线为依据，用不规则的细线勾勒出地被的轮廓范围。

图9-21　灌木根据季节的差异描绘也不同

图9-22　绿篱

图9-23　灌木风景速写

9.3 水面

9.3.1 水面的特点

与地面不同，水面是反光体。一般情况下，水面和天空颜色是相同的，只不过加上它自身的固有色后颜色更灰一些而已。如果建筑树木临水而立，那么水中就会出现它们的倒影，而且水越静倒影越清楚，如果有风倒影会模糊些。另外，水面与地面相接处局部颜色较重。水面的中心部分常常有局部亮线。

9.3.2 水面的表示方法

水是速写中经常表现的内容。水有静态和动态之分，也有清澈和浑浊之别。静态的水常有倒影，且倒影的形状与实景相似而稍长，表现出若隐若现的感觉，轮廓比实景模糊，明暗对比也较弱。倒影可以用统一方向的横向或竖向的线排列表达，线条要微微颤动。动态的水常用折荡线表现波浪和水波荡漾滚动之感。

在描绘水面时，首先要按照天空的颜色画出基本色调，在颜色未干时按建筑和树木等环境关系画出倒影来，水分要大些，使之相互渗透，颜色要沉着，使之和谐；明度要低些，使之沉稳，并有利于烘托建筑形象。最后，要在建筑物和水的相接处打上深线。在水面打上白线或者留白，但线不要打白或留白太多，同时还要注意有长有短，间距有大有小，如图9-24～图9-26所示。

图9-24　水面速写

图9-25　水和建筑的结合（作者：卢国新）

图9-26　水和建筑的结合

9.4 交通工具

在建筑平面、总图和透视图中，常常要画一些交通工具的平面和透视图，以配合画面设计效果。如水边的码头、别墅等建筑需要画一些船只；航空港的建筑则要画一些飞机，或停在地坪，或翱翔长空；大片的陆地建筑更少不了各种汽车做配景。它们与树、人一样可以渲染画面特有的环境气氛。

画交通工具要考虑与建筑的空间位置和比例关系，过大过小都会使图面失真，透视上更要注意与建筑物的透视相一致，否则就会破坏画面的完整效果，这是绘制交通工具时最需要重视的问题。

9.4.1 船

几乎每种船体都有一个纵向轴，它同时也是对称轴，为了防止倾覆或反向移动，船舶的重心大都位于中间且尽可能低。用透视画法描绘小船和船舶，最好把画有纵向轴和不同长度横向轴的平面图摆在面前，然后将透视画法的规律用于这些纵向轴和横向轴，从而使绘画时的定向工作更容易些，如图9-27所示。

图9-27 不同的船

对于较小的船只，它的流线型的作用很大；大型货船则相反，其大体结构在水面上几乎是方盒形。

开始作画前，首先要准确掌握描绘对象。如有可能，应先沿描绘对象走一走或乘船绕个圈子，设法弄清它的立体尺寸和结构，然后再按透视画法的规律画船体草图。要把远处的部分作大幅度的立体缩小，把弧线作相应的变形。

水面上的镜像用来充实图画，此时镜面即水面，垂线倒影，例如桅杆，一定要向下延伸同样的尺寸。

知识拓展

快速船舶的运动极具魅力，要有这种感觉的前提是：以前对这种快艇的几何形状和结构已经有所了解，或者可能已从不同侧面的许多绘画速写中掌握了它。飞溅的水花、起伏的波浪要求作画者集中精力并经常观察疾驰而过的快艇，如图9-28所示。

图9-28　舰艇

9.4.2　车

　　画面上点缀几辆车会增加生活气氛和时代气息。

　　画车的比例要刻画得正确。先画车本身的扁长矩形，接下来画顶部的车棚，然后画车轮和阴影以及车灯和玻璃，尽量把形体画得简化些，如图9-29～图9-31所示。

　　描摹陆路交通工具(汽车、轨道车)大体可按同一规则。绘画前越深入细致地领会所有的轮廓，特别是向后倾料的线，汽车就画得越好。画非直角的、自然形态的立体曲线，有一定难度。画前应认真思考几何辅助体(球体、锥体、圆柱体、圆环等)的立体形态，找到它们的边界线，这种做法是可取的。为了提升自己的观察力和造型能力，可以画一些外形比较复杂的交通工具。

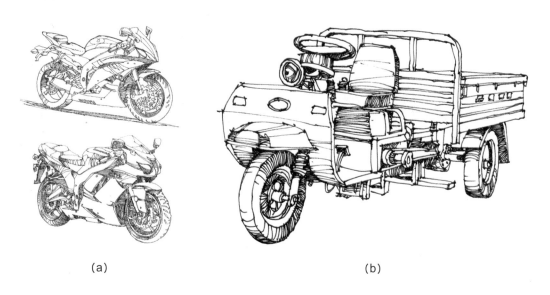

(a)　　　　　　　　　　　　　　　　　　　(b)

图9-29　车的透视　(作者：卢国新)

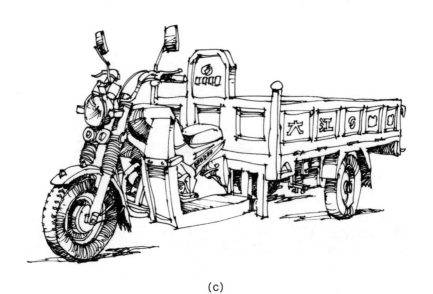

(c)

图9-29　车的透视　(作者：卢国新)(续)

　　画车要考虑车与建筑物的比例关系，过大或过小都会影响建筑物的尺度。另外，在透视关系上也应与建筑物保持协调一致，否则，将会损害整个画面的统一。

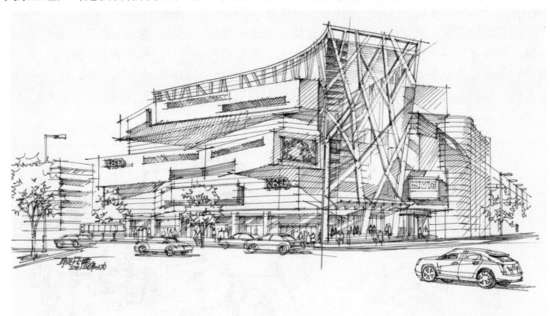

图9-30　车的透视关系

　　在画现代车时要注意的是，现代车型设计有两个特点：一为流线型，二为水滴型。流线型车的外轮廓线呈圆弧状。水滴型车整体表现为前低后高，车窗稍向前倾斜。

图9-31　不同角度的车

9.5　容器

　　根据经验，初学者大多想选择高难度的题材，其实，适合初学者描绘的有不少小的物品，如盒、锅、玻璃杯、瓶子、壶等诸如此类的物品。碰到最多的首先是以中心线为对称轴的陶瓷器皿，如图9-32所示。

　　描绘器皿可能会使那些还缺少练习的绘画者感到困难，然而，只要练习过画圆和椭圆的绘画者，便能很快找到头绪。开始的得力助手是辅助线，主要是中心线和高度线，垂直的轮廓线与平放的圆或底面的椭圆相切。线画得越少越好，这样画好的器皿图令人信服，自身阴影，只稍微表达一下即可。

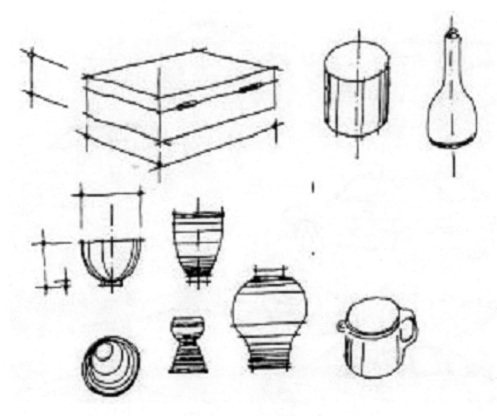

图9-32　容器速写

　本章小结

　　城市建筑中的配景有植物、草坪、汽车、人物等，民居建筑中更多的是与当地风土人情紧密相关的生活用具、自然景物、动物等，只要客观存在的都可以纳入到画面中。这样会使画面更加生动、鲜活，传达很强的地方特色和生活气息。

　思考练习

1．花卉速写在构图方面应注意什么？
2．树木在建筑绘图中做远景、中景、近景时各有何特点？

实训课堂

实训课题：建筑速写中配景的合理运用。

1．内容：提交两张建筑速写：①包含两种以上配景；②每种配景加画一张，进行相对详细的描绘。

2．要求：内容充实，不少于两个场景。

第10章
优秀作品赏析

● 学会对建筑速写作品进行分析
● 会赏析各种建筑速写作品的绘画方法，并从这些案例中汲取精华，做到为我所用。

本章导读

建筑速写所描绘的内容非常广泛，除了建筑、广场以及各种公共活动场所外，还有树木、花草、人物、室内外陈设物品、交通工具等都是它可以描绘的对象。因此，速写可以用来训练建筑师对事物形象的观察、分析和表现能力，还可以作为一种独特的艺术语言来进行艺术表现和建筑设计构思和表达。这是建筑师对客观世界的艺术表达方式走出的第一步。速写不仅是造型艺术中不可缺少的一种基本功的训练，而且是建筑设计过程中的一种重要的表达手段，它已经普遍成为建筑师表达设计意图的一种重要语言。

作为一个设计师或建筑师，在对一个空间进行初步阶段草图设计的时候，通常需要在第一时间将自己的瞬间思维活动快速地记录下来，从而激发自己的设计灵感，同时与对方沟通，这就需要设计师的娴熟的功底及表现能力。

亨利•培根是美国优秀建筑师的杰出代表之一。作为一名建筑师，亨利•培根是从手绘的线条出发进行构思的。然而，他的建筑并不像绘画，而是真实的、不朽的。他的建筑有一个基本的格调，那就是基本的，并具有高度的技巧，而且对历史的连续性有较深的认识。

林肯纪念堂是亨利•培根的代表作之一。它坐落在摩尔林荫大道末端的一处人造高地上，面积为2200m^2，对面是华盛顿纪念碑。纪念堂借鉴了古希腊神庙的传统表现手法，四周有36根大理石的多立克式柱子围绕，象征林肯时期美国的36个州。虽然纪念堂的平面似古希腊神庙，但没有通常希腊神庙的山花，而是一个团进去的屋顶层，放在古典柱式的顶部。

案例赏析

林肯纪念堂内部用排列柱将平面划分为一个主厅和两个侧厅，侧厅内墙壁上绘制有表现林肯一生中最显著成就和重要事件的壁画。整个纪念堂的高潮是正对入口位于主厅中央的林肯雕像。在从入口到雕像这一纵向序列的引导下，人们会感受到气氛的庄严，而后人们会渐渐看清这尊在散射入室的阳光照射下表情严肃的林肯雕像。

10.1 优质速写作品赏析

10.1.1 徽派民居建筑速写

徽派建筑是中国古建筑最重要的流派之一，徽派建筑作为徽文化的重要组成部分，历来为中外建筑大师所推崇。徽派建筑并非特指安徽建筑（非特有，且安徽有中原文化、江淮文化等多种风格），主要流行于徽州六县与严州以及周边徽语区（如安徽旌德、石台，江西浮梁、德兴等），以砖、木、石为原料，以木构架为主，梁架多用料硕大，且注重装饰，还广泛采用砖、木、石雕，表现出高超的装饰艺术水平。

西递和宏村是徽派民居建筑的典型代表，现存完好的明清民居就达440多幢，它们以世外桃源般的田园风光、保存完好的村落形态、工艺精湛的徽派民居和丰富多彩的历史文化内涵而闻名天下，如图10-1和图10-2所示。

站在宏村后的山顶上往下俯视村庄，那错落有致的瓦片、统一规划而又不失变化的建筑群体给人以气势磅礴的整体美。抓住这种整体美，就很容易把握住作品的气势，画速写时就不至于杂乱无章。此外，找到它黑白相间的整体感觉，就可以强化这种黑白的对比，在写生时对景物的取舍、对比、留白就能做到心中有数。

图10-1　徽派民居建筑——宏村（作者：卢国新）

图10-2　徽派民居建筑——西递（作者：卢国新）

案例赏析

西递和宏村统一规划的整体美和浑然天成的装饰美、瓦片与墙面之间强烈的黑白对比、整齐排列与翘角之间的错落韵律、点线面的有机结合，就像一首富有节奏感的乐曲，瓦片与墙面斑驳的感觉就像岁月无声般诉说逝去的历史。在构图上运用出穴式构图以表现建筑、深巷的纵深感。

10.1.2　巴黎圣母院大教堂速写

巴黎圣母院是一座位于法国巴黎市中心、西堤岛上的教堂建筑，也是天主教巴黎总教区的主教座堂，如图10-3～图10-4所示。圣母院属哥特式建筑形式，是法兰西岛地区的哥特式教堂群里面，非常具有代表意义的一座。它始建于1163年，是巴黎大主教莫里斯•德•苏利决定兴建的，整座教堂于1345年全部建成，历时180多年。该教堂以其哥特式的建筑风格，祭坛、回廊、门窗等处的雕刻和绘画艺术，以及堂内所藏的13～17世纪的大量艺术珍品而闻名于世。虽然是一幢宗教建筑，但它闪烁着法国人民的智慧，反映了人们对美好生活的追求与向往。

巴黎圣母院是法国早期哥特式教堂的代表作，教堂的西立面是正立面，也是整座建筑最精彩的建筑部位之一，整个立面的构图极富层次感，汇集了拱券、壁柱、圆窗、雕刻带、雕像等多个时期、多种造型的装饰元素，尤其是底层门洞以5世纪主教、圣母形象的雕刻和以圣母生平事迹为题材的雕塑装饰，极大地渲染了建筑的宗教气氛，整座教堂雄伟壮观。西立面是建筑最突出、最形象的构成部分。从外面仰望教堂，那高峻的形体加上顶部耸立的钟塔和尖塔，使人感到一种向蓝天升腾的雄姿。巴黎圣母院的主立面是哥特式建筑中最美妙、最和谐的部分，水平与竖直的比例近乎黄金比1：0.618，立柱和装饰带把立面分为九块小的黄金比矩形，十分和谐匀称。

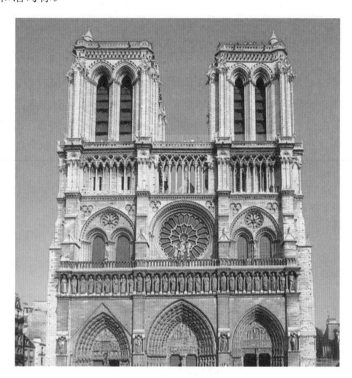

图10-3　巴黎圣母院大教堂（1）

图10-4　巴黎圣母院大教堂（2）

案例赏析

巴黎圣母院为欧洲早期哥特式建筑和雕刻艺术的代表作，集宗教、文化、建筑艺术于一身，原为纪念罗马神王朱庇特而建造，随着岁月的流逝，逐渐成为巴黎早期基督教的教堂。巴黎圣母院平面似一个长形马蹄，是哥特式主教堂的形制，拉丁十字式。哥特式教堂的正面往往放一对钟塔，顶部采用一排连续的尖拱，显得细瘦而空透。造型既空灵轻巧，又符合变化与统一、比例与尺度、节奏与韵律等建筑美学法则，具有很强的美感。

一座完整的建筑形象是由建筑的实体和空间两部分构成的，空间性成为建筑的审美特征之一。因此，以建筑作为主题内容进行描绘的建筑速写，需更加注重建筑空间的表现。建筑速写在整体空间关系的处理上，通过对建筑及配景的观察和分析，首先确立主体描绘对象，增加主体和客体的疏密、虚实、明暗等的对比关系，使画面更加典型地体现出建筑主体风貌。

10.2 优秀建筑速写作品赏析

10.2.1 建筑配景速写

建筑配景也是练习建筑速写中的重要部分，对生活中的建筑配景别致的物体进行描绘可以更好地练习造型能力，增加绘制建筑外观材质的经验，如图10-5～图10-8所示。

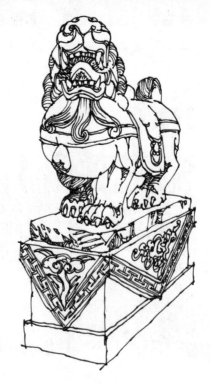

图10-5 建筑配景速写（1）（作者：卢国新）

图10-6　建筑配景速写（2）（作者：卢国新）

图10-7　建筑配景速写（3）（作者：卢国新）

图10-8　建筑配景速写（4）（作者：卢国新）

10.2.2　刘敬超建筑写生赏析（水彩）

刘敬超建筑写生赏析（水彩），如图10-9～图10-12所示。

图10-9　清西陵建筑写实表现（水彩）（作者：刘敬超）

图10-10 民居建筑写生（水彩）（1）（作者：刘敬超）

图10-11 民居建筑写生（水彩）（2）（作者：刘敬超）

图10-12　别墅写实表现（水彩）（作者：刘敬超）

10.2.3　马克笔建筑赏析

老建筑是钢笔速写很好的题材，因为它们充满神秘、充满回忆色彩，如图10-13～图10-16所示。钢笔画表现建筑是世界性的，因为钢笔画是大多数建筑师的拿手好戏，所以只要从事钢笔绘画就得从建筑画起，建筑画的兴旺也促进了钢笔画的发展。过去的老建筑，在绿野丛中，有着某种与自然和谐的因素。用钢笔刻画建筑，可以更好地表现其质感，赋予建筑坚实的效果。

图10-13　北方民居建筑马克笔速写（1）（作者：卢国新）

图10-14　北方民居建筑马克笔速写（2）（作者：卢国新）

图10-15　北方民居建筑马克笔速写（3）（作者：卢国新）

图10-16　北方民居建筑马克笔速写（4）（作者：卢国新）

10.2.4　大师建筑速写赏析

伦勃朗(Rembrandt，1606—1669)于1606年7月15日生于莱顿，1669年10月4日卒于阿姆斯特丹。其画作体裁广泛，擅长肖像画、风景画、风俗画、宗教画、历史画等。自画像（莱顿时期，约1625—1631）作品采取强烈的明暗对比画法，用光线塑造形体，画面层次丰富，富有戏剧性。伦勃朗在绘画史上——不仅在荷兰而且在全欧的绘画史上所占的地位，是与意大利文艺复兴诸巨匠不相上下的。

伦勃朗的速写（见图10-17～图10-19），是一种天生的自觉，线条时而洒脱飘逸，时而沉厚凝重，或刚劲、或柔畅、或严谨、或松灵、或一派畅和明快、或通篇苍雄浑厚，笔触中埋藏着一颗深厚、仁慈的心。在他的笔下，这些速写已经升华为一个画种，拥有独立的审美价值。

图10-17 伦勃朗速写（1）

图10-18 伦勃朗速写（2）

图10-19　伦勃朗速写（3）

本章采用案例与分析相结合的方式，通过对各种不同表现形式的美术作品的欣赏，可以体会其不同的创作规律，增强学生表现自然和生活的能力，增进学生热爱自然和生活的意识。

1. 如何进行三角形构图？
2. 简述建筑速写的特点。

1. 内容：根据本章10.1节速写作品赏析的内容，对图10-20进行赏析。

图10-20　卢国新作品

2．要求：参考优秀建筑速写案例的分析方式，自行评论该速写的技巧及内容，不少于800字。

3．目标：提高对速写作品的分析能力，懂得怎样来赏析优秀速写作品。

参 考 文 献

[1] 陈新生. 建筑钢笔表现[M]. 上海：同济大学出版社，2007.

[2] 卢国新. 建筑速写写生技法[M]. 河北：河北美术出版社，2010.

[3] 卢国新. 建筑画表现技法[M]. 北京：中国轻工业出版社，2012.

[4] 陈新生，李洋，曹昊. 设计速写[M]. 北京：中国轻工业出版社，2006.

[5] 曹琳羚. 建筑速写轻松学[M]. 北京：人民邮电出版社，2019.

[6] 韩春启. 钢笔建筑速写[M]. 北京：中国纺织出版社，2019.

[7] 荆亮亮. 手绘快速表现技法[M]. 沈阳：辽宁科学技术出版社，2009.

[8] 钟训正. 建筑画环境表现与技法[M]. 北京：中国建筑工业出版社，2018.

[9] 萧默. 世界建筑艺术[M]. 武汉：华中科技大学出版社，2009.

[10] 杨凯. 建筑速写[M]. 北京：化学工业出版社，2019.

[11] [德]卡尔·克里斯蒂安·霍伊泽尔. 徒手绘画及速写[M]. 彭蕴琏，王乃川，译. 合肥：安徽科学技术出版社，2002.

[12] R.S.奥列弗. 奥列弗风景建筑速写[M]. 南宁：广西美术出版社，2003.